ビジュアルアプローチ

熱・統計力学

[為近 和彦 著]

THERMODYNAMICS
and
STATISTICAL MECHANICS

森北出版株式会社

まえがき

　熱力学，統計力学は，とっつきにくい分野とよくいわれます．しかし，熱力学的な考え方は，最もわれわれの生活の中に入り込んでいるといっても過言ではないでしょう．暑い，寒い，暖かい，涼しい，熱い，冷たいなど，多くの言葉を日本人はもっています．これらの言葉を物理的に見ようという試みですから，とっつきにくいのではなく，あまりにも生活に入り込んでいるがために，わかった気になっており，温度や熱の定義を曖昧にしてスタートしてしまうから，そう感じるのではないでしょうか．

　熱力学の法則や，統計力学の考え方は，決して現実離れしているものではありません．本書では，数多くのイラストや写真を採用することで，述べている内容や，用いる数式が現実の何を表しているのかを明確にしています．たとえば，目に見えない気体分子をまるで見えるかのように表現することで具体化し，熱力学と統計力学が現実離れすることなく，スムーズに結びつくように書かれています．

　冷蔵庫は，電気を用いて冷やしています．私が小学生だった頃，わが家に電気冷蔵庫がお目見えしました．それまでは大きな氷を中に入れた冷蔵庫だったのですが，今度は氷がなくても冷えるというのです．子供心に不思議で不思議でしかたありませんでした．何度も冷蔵庫の中に顔をいれて確認したものです．冷蔵庫のない生活など想像もつかないくらい家庭の中に入り込んでいる家電製品ですが，これも熱力学のおかげなのです．冷やしているだけですが，そこには深い物理学がかくれているのです．エアコンをはじめとする熱交換機の原理も同様です．

　本書は，熱力学および統計力学の基礎的なことが確実に学べるように，あまり話を広げずに，本質がわかるようにまとめ上げたものです．熱力学が初学者である方にもわかりやすく，また既習の方には基礎が確認できるように重要項目をまとめて表記してあります．また，式変形の面倒なところでは，例題を多く入れ，なるべく途中の計算を省かないように工夫されています．統計力学においては，その根幹が理解でき，かつ，熱力学とのつながりを見失わないようにしてあります．とくに，統計的な考え方（ミクロな見地からのアプローチ）と熱力学量とのつながりを重要視し，その関係が明らかになるように書かれています．ぜひ，じっくりと読み進めてください．

　最後になりましたが，森北出版の石井智也氏には，企画，編集，校正までたいへんお世話になり，心より感謝申し上げます．

2008 年 9 月

為近和彦

目 次

第1章 温度と比熱 …………………………………… 1
1.1 温度と熱量 …………………………………… 2
1.2 比熱と熱容量 ………………………………… 10
演習問題 ………………………………………… 16

第2章 気体の性質 …………………………………… 17
2.1 状態方程式 …………………………………… 18
2.2 理想気体の分子運動論 ……………………… 24
演習問題 ………………………………………… 32

第3章 熱力学の第1法則 …………………………… 33
3.1 熱力学の第1法則 …………………………… 34
3.2 理想気体と熱力学の第1法則 ……………… 42
3.3 熱サイクル …………………………………… 48
演習問題 ………………………………………… 56

第4章 熱力学の第2法則 …………………………… 57
4.1 熱力学の第2法則 …………………………… 58
4.2 エントロピー ………………………………… 68
演習問題 ………………………………………… 78

第5章 自由エネルギーと熱力学的関数 …………… 79
5.1 自由エネルギー ……………………………… 80
5.2 マクスウェルの関係式 ……………………… 88
演習問題 ………………………………………… 94

第6章　気体分子の分布確率 ……………………… 95
6.1　マクスウェルの速度分布則 ………………… 96
6.2　場合の数と分布 ……………………………… 104
演習問題 ……………………………………… 112

第7章　統計集団 …………………………………… 113
7.1　統計集団 ……………………………………… 114
7.2　各集団と熱力学の関係 ……………………… 122
演習問題 ……………………………………… 130

第8章　量子統計の基礎 …………………………… 131
8.1　量子統計 ……………………………………… 132
8.2　大正準集団としての統計 …………………… 136
演習問題 ……………………………………… 142

付録 …………………………………………………… 143
演習問題解答 ………………………………………… 146
索引 …………………………………………………… 159

コラム 目 次

- ジュール ……………………………………………………………… 13
- 永久機関 ……………………………………………………………… 64
- エントロピーとは …………………………………………………… 75
- 熱力学の諸量と独立変数について ………………………………… 91
- マクスウェルの関係式の簡単な覚え方 …………………………… 93
- ボルツマン …………………………………………………………… 108
- 統計力学における重要公式および数学的手法 …………………… 111
- 気体の分子運動諭とマクスウェル ………………………………… 126
- 熱力学と統計力学の関係 …………………………………………… 127
- ボーズ・アインシュタイン凝縮…………………………………… 135
- ボーズ，フェルミ …………………………………………………… 135
- アインシュタイン …………………………………………………… 139

1. 温度と比熱
TEMPERATURE AND SPECIFIC HEAT

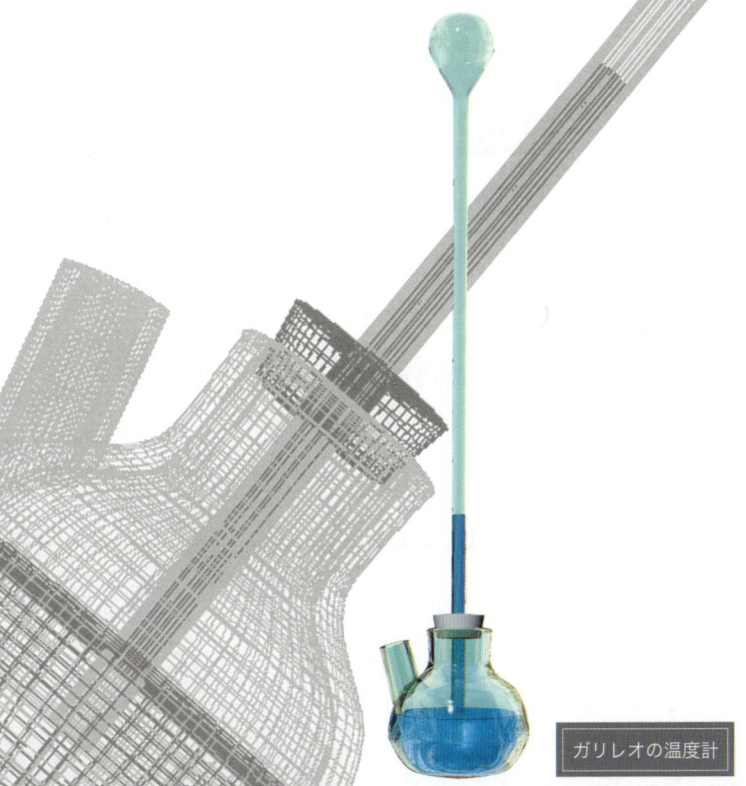

ガリレオの温度計

　かき氷は冷たいし，炊きたてのご飯は熱い。熱は目に見えないものであるが，触れれば冷たいものと熱いものを感覚することができる。熱いや寒いなどの主観に頼るのではなく，熱力学では熱を定量的に取り扱う必要がある。

　この章では，温度と熱の違い，比熱，熱容量の定義，および熱量保存の法則について学び，熱力学の基礎をつくる。日常生活の中で使われる温度や熱などの用語を物理学的に定義を明確にし，熱力学的に分析を進めるための準備を行う。

1.1 温度と熱量

A 温度

温度は，物体の「熱さ」「暖かさ」「冷たさ」などの感覚がもとになっている（図1.1）。しかし，感覚としてとらえるだけでは物理量として扱うことができない。温度は温度計で測定されるが，これは**熱平衡**とよばれる現象を利用したものである。

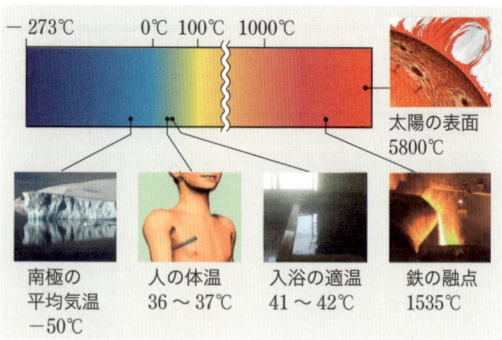

図1.1　さまざまな温度

熱平衡状態

2つの物体を接触させると熱的に変化が起きるが，じゅうぶん時間が経過するとある一定の状態となり，それ以上変化しない状態となる。

どのような物体でも，ある状況におかれて時間が経てば，熱平衡状態になることが経験的に知られている。たとえば，30℃と40℃の気体を同量混合させるとおよそ35℃程度に落ち着き，それ以上変化しない。決して，30℃と40℃の間を振動したりはしない。さらに，この熱平衡状態については，以下の**熱力学の第0法則**が経験的に成立する（図1.2）。

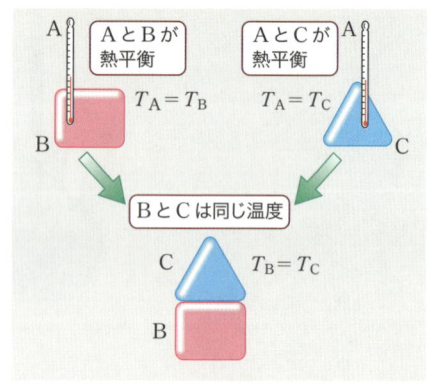

図1.2　熱力学の第0法則

熱力学の第0法則

物体Aと物体Bがたがいに熱平衡の状態にあり，また物体Aと物体Cがたがいに熱平衡の状態にあるとき，物体Bと物体Cはたがいに熱平衡の状態にある。

図 1.3 に示すように，体温を測定する際の体温計は，測定部位と体温計の測定点が熱平衡となり，さらに，測定点と体温計内の液体が熱平衡となり，測定部位と同状態となることで体温を表示することができる。

一般に，一様で等方的な物体では，その状態は圧力 p と体積 V で決定される。ここで，状態を表す関数 $f(p,V)$ を導入する。この関数を用いると，物体 A，B，C が熱平衡状態にあるとき，熱力学の第 0 法則より

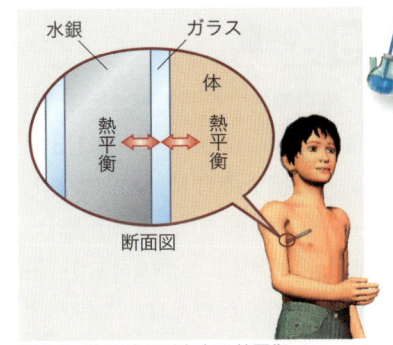

図1.3 体温計の測定点の熱平衡

$$f_A(p_A, V_A) = f_B(p_B, V_B) = f_C(p_C, V_C) \tag{1.1}$$

が成立する（**例題 1-1** 参照）。上記の 3 つの状態が，(p, V) の状態と熱平衡であるとすると，

$$f(p,V) = f_A(p_A, V_A) = f_B(p_B, V_B) = f_C(p_C, V_C) = \theta \tag{1.2}$$

と書くことができる。このとき，θ のことを**経験温度**とよぶ。

日常生活でよく用いられるセルシウス温度（単位℃）は，1 atm のもとでの氷の融点を 0℃，水の沸点を 100℃として決められたものである。たとえば，水銀温度計（体温計など）は，ある一定量の水銀の体積変化を利用したものであり，0℃と 100℃での体積変化を 100 等分して目盛りを打ち，1 目盛りを 1 deg（1℃）と決めている（**図 1.4**）。

また，目盛り間隔はセルシウス温度と同じであるが，−273.15℃を基準（これを絶対零度という）とした**絶対温度**が物理学ではよく用いられる（単位は K（ケルビン））。セルシウス温度 t と絶対温度 T の関係は，次のとおりである（第 2 章参照）。

$$T = t + 273.15 \tag{1.3}$$

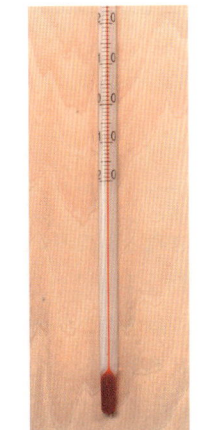

図1.4 温度計の目盛り

※本書では，273.15 ≒ 273 として，これ以降は表記する。

B 熱量

　絶対零度でない物質では，固体・液体・気体に関わらず，図1.5に示すように原子や分子は熱運動をしている。経験温度では，人間が感じる冷・暖を判断することができるが，物理的に考察するためには，この熱運動を考えなくてはならない。温度とは，

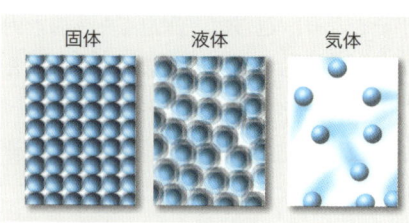

図1.5　熱運動

この熱運動の激しさを表す物理量なのである。すなわち，物体を熱すると温度が高くなるが，これは物体を構成する原子・分子の熱運動が激しくなっていると考えることができる。これを，力学的に，

| 物質を熱することで，温度が高くなる | ⇒ | 熱運動のエネルギー増大 |

と考えることができる。これは，物体にエネルギーが供給されたことを示しており，このエネルギーのことを**熱**とよび，その量を**熱量**（単位 J（ジュール））という。

　ある温度の物体 A に，それよりも温度の低い物体 B を接触させてみる。このとき，経験的に，物体 A の温度は下降，物体 B の温度は上昇し，やがて 2 物体は同一温度になる。これを熱の概念を用いて考えると，「物体 A から物体 B に熱が移動した」ととらえることができる。言い換えれば，

| 物体 A は熱を放出し，物体 B はその熱を受け取った |

となる。これは，物体 A から物体 B へのエネルギーの移動を表しており，その移動量が熱量とよばれる量の概念である。

　以上のように，温度と熱は，異なる概念である。温度は，物質がある 1 つの平衡状態で存在していれば測定することが可能であるが，熱はその移動がエネルギーの流れを示すものであるから，1 つの平衡状態に対して決められるものではない。

　エネルギーの移動については，気体について分子運動論のところで詳しく学ぶ。

C 膨張率と圧縮率

一般に，ある物体に熱が流れ込み，温度が上昇するとき，その物体の温度だけが変化するのではない。他にも変化するものがあるが，これについて述べよう。

(1.2) 式において，圧力 p，体積 V，経験温度 T とすると，

$$f(p,V) = T \tag{1.4}$$

と書ける。すると，ある状態を表すのに，p，V，T の関数として

$$F(p,V,T) = f(p,V) - T = 0 \tag{1.5}$$

と表すことも可能となる。すなわち，温度 T が変化したとき，p，V が変化する可能性があることになる。夏期に電車のレールが膨張して曲がってしまうなどの現象は，まさにこのことである（図1.6）。

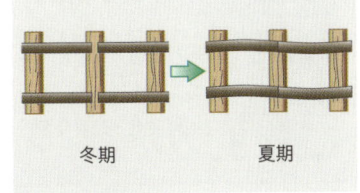

図 1.6 電車のレール

よりくわしく (1.5) 式を考える。圧力 p が一定のもとで，ある物体を加熱したとき，温度が上昇したとする。このとき，(1.5) 式より，体積 V が変化しているはずである。それぞれの変化が微小であるとき，体積に対する体積変化の割合を **膨張率**（β）とよび，次式で定義される。

$$\beta = \frac{1}{V}\left(\frac{\partial V}{\partial T}\right)_p \tag{1.6}$$

偏微分の添え字 p は，「圧力一定」を表すものである（偏微分については，p.143 の付録を参照）。また，同様に考えて，温度一定のもとで，圧力に対する体積変化率の割合を **等温圧縮率**（κ）とよび，次式で定義される。

$$\kappa = -\frac{1}{V}\left(\frac{\partial V}{\partial p}\right)_T \tag{1.7}$$

1 温度と比熱

●基本的用語の確認

融解	圧力一定のもとで固体が液体になる現象	
融点	融解が起こる温度	
融解熱	融解に必要な熱量	

溶ける氷

気化	圧力一定のもとで液体が気体になる現象
沸点	気化が起こる温度
気化熱	気化に必要な熱量

沸騰する水

凝固	圧力一定のもとで液体が固体になる現象
凝固点	凝固が起こる温度

昇華	圧力一定のもとで固体が気体になる現象

ドライアイス

潜熱	状態変化に伴う熱（融解熱，気化熱）

●系（周囲との関係について）

① 開いた系 ⇨ エネルギーおよび物質の流出入が可能な系

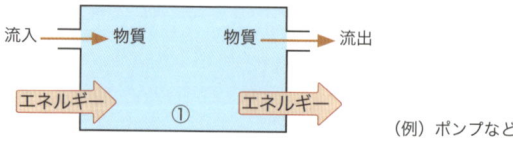

（例）ポンプなど

② 閉じた系 ⇨ エネルギーのみの流出入が可能な系

物質の流出入はない

（例）冷蔵庫など

③ 孤立系 ⇨ エネルギーおよび物質の流出入がない系

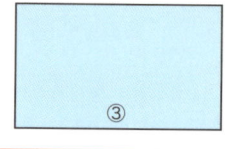

（例）断熱容器に閉じこめられた気体など

●熱力学に関連するデータ

線膨張率 [1/K]

物質	温度 [℃]	α	物質	温度 [℃]	α
アルミニウム	室温	23×10^{-6}	鉄	室温	11.7×10^{-6}
金	〃	14×10^{-6}	白金	〃	8.9×10^{-6}
銀	〃	19×10^{-6}	氷	0	52.7×10^{-6}
銅	〃	16.7×10^{-6}	ダイヤモンド	0〜78	1.2×10^{-6}

液体の体膨張率 [1/K]

物質	温度 [℃]	γ	物質	温度 [℃]	γ
水	5〜10	0.053×10^{-3}	エチルアルコール	20	1.12×10^{-3}
〃	10〜20	0.150×10^{-3}	ベンゼン	20	1.24×10^{-3}
〃	20〜40	0.302×10^{-3}	水銀	20	0.182×10^{-3}
〃	40〜60	0.458×10^{-3}			
〃	60〜80	0.587×10^{-3}			

種々の物質の比熱 [J/kg・K]

物質	温度 [℃]	比熱	物質	温度 [℃]	比熱
アルミニウム	20	8.83×10^2	ダイヤモンド	20	5.1×10^2
金	20	1.29×10^2	鉄	20	4.48×10^2
銀	20	2.34×10^2	銅	20	3.85×10^2
水銀（液）	0	1.403×10^2	鉛	20	1.27×10^2
〃	20	1.394×10^2	ガラス		$(6〜9) \times 10^2$
〃	100	1.38×10^2	氷	0	20.4×10^2

気体の定圧比熱と比熱比 γ

気体	温度 [℃]	c_p [J・kg^{-1}・K^{-1}]	$\gamma = c_p/c_v$
空気	16	1.004×10^3	1.403
水蒸気	100	2.05×10^3	1.33
水素	0	14.2×10^3	1.410
二酸化炭素	16	0.84×10^3	1.302
ヘリウム	-180	5.23×10^3	1.66

熱伝導率 [J/m・s・K]

物質	温度 [℃]	熱伝導率	物質	温度 [℃]	熱伝導率
アルミニウム	0	238	鋼（軟）	0	48
金	0	310	水	10	0.582
銀	0	418	空気	0	0.024
銅	0	385			

圧力1atmでの沸点[℃]と蒸発熱[J/kg]

物質	沸点 [℃]	蒸発熱	物質	沸点 [℃]	蒸発熱
水素	-252.8	4.52×10^5	水	100.0	22.6×10^5
酸素	-182.9	21.3×10^5	水銀	356.9	2.97×10^5
エチルアルコール	78.5	8.58×10^5			

融点 (1atm) と融解熱 [J/kg]

物質	融点 [℃]	融解熱	物質	融点 [℃]	融解熱
金	1063	0.63×10^5	鉛	327.3	0.23×10^5
銀	960.8	1.05×10^5	氷	0	3.34×10^5
水銀	-38.87	0.117×10^5	二酸化炭素	-56.6	1.8×10^5
鉄	1535	2.68×10^5	水素	-259	0.59×10^5
銅	1083	2.05×10^5	エチルアルコール	-117	1.00×10^5

例題 1-1　状態方程式と熱力学の第 0 法則

2 つの物体 A, B を接触させて熱平衡状態とした。このとき，

$$f_{AB}(p_A, V_A, p_B, V_B) = 0$$

が成立する。熱力学の第 0 法則を用いて，

$$f_A(p_A, V_A) = f_B(p_B, V_B)$$

が成立することを示しなさい。

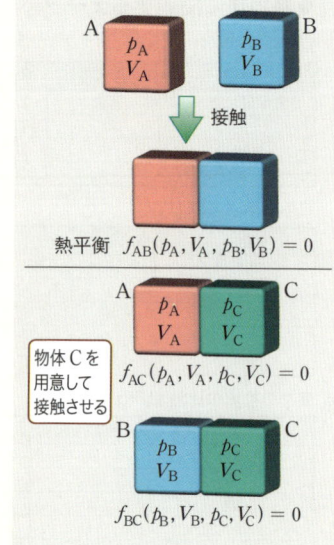

●解答

物体 A と物体 C を接触させて

$$f_{AC}(p_A, V_A, p_C, V_C) = 0$$

第 0 法則を考えて　$f_{BC}(p_B, V_B, p_C, V_C) = 0$
新たに関数 g を導入して f_{AB}, f_{AC} の式より

$$p_A = g_1(V_A, p_B, V_B), \ p_A = g_2(V_A, p_C, V_C)$$

∴　$g_1(V_A, p_B, V_B) = g_2(V_A, p_C, V_C)$

これは p_B, V_B, p_C, V_C の関係であるから，f_{BC} の式と一致しなくてはならない。すなわち，V_A 依存性は，$g_1 = g_2$ の関係にない。

∴　$f_B(p_B, V_B) = f_C(p_C, V_C)$

同様に，$f_A(p_A, V_A) = f_C(p_C, V_C)$

∴　$f_A(p_A, V_A) = f_B(p_B, V_B)$

例題 1-2　膨張率と圧縮率

膨張率を β，等温圧縮率を κ とするとき $\left(\dfrac{\partial p}{\partial T}\right)_V = \dfrac{\beta}{\kappa}$ を導きなさい。

●解答

体積 V を p, T の関数として，$V = V(p, T)$ と書くと

$$dV = \left(\frac{\partial V}{\partial p}\right)_T dp + \left(\frac{\partial V}{\partial T}\right)_p dT$$

体積一定のとき　$0 = \left(\dfrac{\partial V}{\partial p}\right)_T dp + \left(\dfrac{\partial V}{\partial T}\right)_p dT$

$$\therefore \left(\dfrac{\partial p}{\partial T}\right)_V = -\dfrac{\left(\dfrac{\partial V}{\partial T}\right)_p}{\left(\dfrac{\partial V}{\partial p}\right)_T} = \dfrac{\dfrac{1}{V}\left(\dfrac{\partial V}{\partial T}\right)_p}{-\dfrac{1}{V}\left(\dfrac{\partial V}{\partial p}\right)_T} = \dfrac{\beta}{\kappa}$$

例題 1-3　状態方程式と β, κ

1 mol の理想気体の状態方程式は,

$$pV = RT$$

と書ける（第 2 章参照）。このとき, 体膨張率 β と等温圧縮率 κ を求めなさい。また,

$$p(V - b) = RT$$

と書ける場合はどうか。いずれも, p, T, および定数 R, b のうち必要なものを用いて表しなさい。

● 解答

(1.6) 式より,

$$\beta = \dfrac{1}{V}\left(\dfrac{\partial V}{\partial T}\right)_p$$

ここで, 状態方程式より　$V = \dfrac{RT}{p}$

$$\therefore \beta = \dfrac{1}{V}\dfrac{R}{p} = \dfrac{R}{pV} = \dfrac{1}{T}$$

また, $\kappa = -\dfrac{1}{V}\left(\dfrac{\partial V}{\partial p}\right)_T = -\dfrac{1}{V}\left(-\dfrac{RT}{p^2}\right) = \dfrac{RT}{p^2 V} = \dfrac{1}{p}$

状態方程式が $p(V - b) = RT$ のときは, $V = b + \dfrac{RT}{p}$ であるから

$$\beta = \dfrac{R}{pV} = \dfrac{R}{p\left(b + \dfrac{RT}{p}\right)} = \dfrac{1}{1 + \dfrac{bp}{RT}}\dfrac{1}{T}$$

$$\kappa = \dfrac{RT}{p^2 V} = \dfrac{RT}{p^2\left(b + \dfrac{RT}{p}\right)} = \dfrac{1}{1 + \dfrac{bp}{RT}}\dfrac{1}{p}$$

1.2 比熱と熱容量

A 比熱

同質量の水と鉄に対して、等しい熱量を加えたとき、温度変化は同じではない（図 1.7）。これは、物質が異なれば、同じ温度変化をさせるのに必要な熱量が異なるためである。その違いを明確にするために**比熱**とよばれる量を導入する。比熱とは、

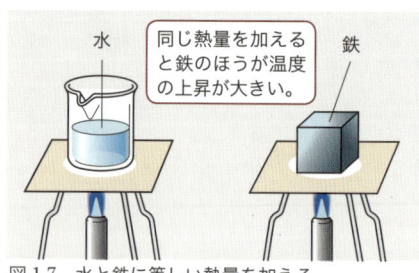

図 1.7 水と鉄に等しい熱量を加える

> 1 g の物質を 1 K だけ上昇させるのに必要な熱量

のことであり、一般に記号 c を用いて表し、単位はその定義から J/(g·K) を用いる。比熱 c J/(g·K)、質量 m g の物質を ΔT K だけ上昇させるのに Q J のエネルギーが必要であるとすると、次式が成立する。

$$Q = mc\,\Delta T \tag{1.8}$$

比熱の値は温度により若干異なるが、おおよその値は表 1.1 のとおりである。

たとえば、表 1.1 で固体（ここでは 25℃ の値）の鉄と銅を比較すると、銅のほうが比熱が小さいので、銅のほうが温まりやすく、冷めやすいことがわかる。

一般に、熱量の単位は J（ジュール）を用いるが、一部では cal（カロリー）を用いることもある（栄養学など）。1 cal とは、

表 1.1 比熱の値

	物質	比熱 [J/(g·K)]
気体 (1気圧)	水素	14.2
	酸素	0.922
液体	水	4.19
	エタノール	2.24
固体	鉄	0.447
	銅	0.385

> 1 g の水を 1 K 上昇させるのに必要な熱量

のことであり、J との関係は、次のとおりである。

$$1\,\text{cal} \fallingdotseq 4.19\,\text{J} \tag{1.9}$$

図 1.8 銅製のたこ焼き器
（写真提供：甲野製作所）

B 熱容量

ある任意の物体を考えるとき，たとえば，それが鉄だけでできているならば比熱だけでことたりるが，物体はさまざまな物質の混合物である場合が多い。最も身近な空気などはそのよい例である。そこで，**熱容量**とよばれる量を導入する。熱容量とは，

> 物体を 1 K だけ上昇させるのに必要な熱量

のことであり，一般に記号 C を用いて表す。単位はその定義から J/K を用いる。また，比熱 c との関係は，

$$C = mc \tag{1.10}$$

となるので，(1.8) 式は，次式のようになる。

$$Q = C\Delta T \tag{1.11}$$

C 熱量保存の法則

1.1 節 B でも述べたように，温度の異なる 2 物体を接触させておくとやがて熱平衡状態となる。これは，高温物体から低温物体へと熱が移動したためである。このときの 2 物体の温度変化は図 1.9 のようになる。この 2 物体以外に熱のやり

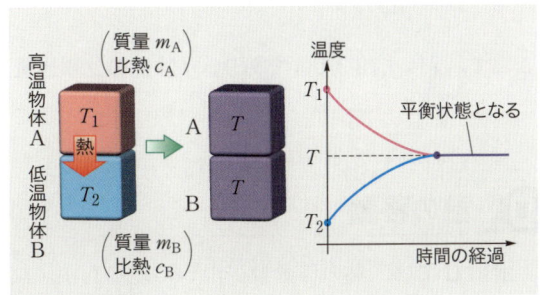

図 1.9 熱平衡

とりがないとすれば，高温物体が失った熱量と，低温物体が得た熱量は等しい。すなわち，図中の文字を用いてこれを式で表すと

$$\underbrace{m_A c_A (T - T_1)}_{\text{A が失った熱量}} = \underbrace{m_B c_B (T - T_2)}_{\text{B が得た熱量}} \tag{1.12}$$

となる。ただし，m, c はそれぞれ質量，比熱を示し，物体 A, B を添え字で区別した。2 物体だけにかぎらず，一般に，いくつかの物体間で熱の出入りがあるときは，高温物体の損失熱量の和は，低温物体の獲得熱量の和に等しい。このことを**熱量保存の法則**とよぶ。

また，物体が仕事 W をされたとき，その物体に発生した熱量を Q とすると，その仕事が熱エネルギーに変化したと考えて

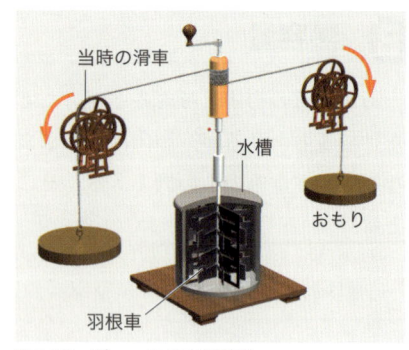

図 1.10　ジュールの実験装置

$$W = Q \tag{1.13}$$

と書くことができる。

ジュール（Joule）は，**図 1.10** のような装置を用いて，仕事と熱量の関係を見いだした。おもりが失う力学的な位置エネルギー（重力がした仕事）が，水の温度上昇をもたらしたと考えたのである。このとき，W を J，Q を cal の単位で表すと，次式のように表すことができる。

$$W = JQ \tag{1.14}$$

ここで，$J \fallingdotseq 4.19$ J/cal であり，J は**熱の仕事当量**とよばれる。

D 熱の移動

前項 C では，熱の移動量について述べたが，熱の移動方法には 3 種類がある。ここでは，簡潔に解説しておく。

> **①熱伝導**
> 　分子の熱運動が物質間で伝わる現象で，すべての物体で起こりうるものである。
> **②熱対流**
> 　流体においてのみ見られる現象で，熱をもった流体自体が移動すること

で熱を伝える方法である。
③熱放射
　熱が電磁波の形で運ばれる現象で，真空中でも伝わる。太陽の熱が地球に届くのはこの熱放射によるものである。

　熱伝導において，物体の温度の変化のしかたは，比熱や熱容量以外に，熱が伝わる速さにも依存する。金属などは熱をよく伝える物体で**熱の良導体**とよばれ，発泡スチロール（図1.11），ゴムなどは熱を伝えにくい物体で**熱の不良導体**とよばれる。家屋の断熱壁などでは，この不良導体が用いられる。熱伝導の度合いは，水を1としたとき，銅はおよそ720（言い換えれば，水に比べて銅は720倍も熱を伝えやすい），空気はおよそ0.043である。

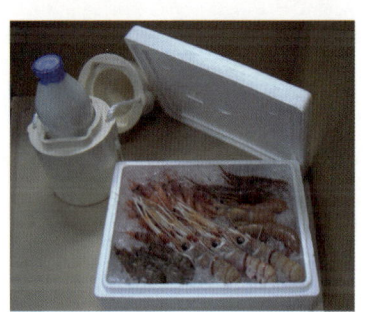

図1.11　発泡スチロール製の箱
（写真提供：駿東化成工業）

ジュール (Joule, 1818 〜 1889)   COLUMN ★

　ジュールは，幼少の頃は身体が弱くほとんど学校へも行かなかったが，父親が醸造業を営んでおり裕福だったため，家庭教師をつけて学問を学んだ。

　実験や読書を好み，10代の頃からさまざまな実験を自宅で行っている。とくに，熱量に関心をもち，導線による発熱（いわゆるジュール熱）が発見されることとなる。熱の仕事量 J を求める実験は，彼が29歳のときに行った実験である。ジュールは研究をするかたわら，醸造業者として生活し，一度も大学教授となった記録はない。

　彼の研究がエネルギー保存則の基礎となり，熱力学だけでなく物理学に与えた影響ははかり知れない。

例題 1-4　比熱の測定

質量 100 g のある物体を 80°C に熱して，容器に入った温度 10°C の水 340 g の中に入れてじゅうぶんに時間が経過すると，水と物体の温度は 12°C になった。この物体の比熱を求めなさい。ただし，容器の熱容量は無視し，水と物体の間だけで熱のやりとりがあったものとする。

●解答

熱量保存を考える。
水が得た熱量は　　　$340 \times 1 \times (12-10) = 680$ cal
物体が失った熱量は　$100 \times c \times (80-12) = 6800c$ cal

これより，$680 = 6800c$　　∴　$c = 0.1$ cal/g・K

例題 1-5　比熱と熱容量

温度 100°C，質量 10 g の弾丸が，水平方向から速度 1000 m/s で，0°C の大きな氷の塊の中に打ち込まれて止まり，氷が少しとけた。このとき，氷全体は動かなかったものとする。以下の値を用いて，問いに答えなさい。

熱の仕事当量　　4.2 J/cal
　　　　　　　　（すなわち，1 cal = 4.2 J）
弾丸の比熱　　　0.030 cal/g・K
氷の融解熱　　　80 cal/g

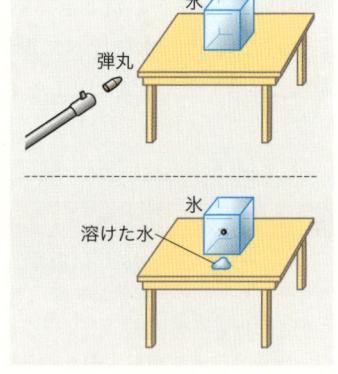

(1) 弾丸の運動エネルギー K J を求めなさい。
(2) 弾丸の熱容量はいくらか。cal/K の単位で答えなさい。
(3) 100°C の弾丸が 0°C になるとき，どれだけの熱量を放出するか。cal の単位で答えなさい。
(4) 弾丸の運動エネルギーがすべて熱に変換されたとするとき，弾丸がとかした氷の質量はいくらか求めなさい。熱のやりとりは，氷と弾丸の間でのみ行われたものとする。

●解答

(1)　$K = \dfrac{1}{2}mv^2 = \dfrac{1}{2} \times 10 \times 10^{-3} \times 1000^2 = 5.0 \times 10^3$ J

(2)　(1.10) 式より　$C = mc = 10 \times 0.030 = 0.30$ cal/K

(3)　(1.8) 式，(1.11) 式より　$Q = mc\Delta T = C\Delta T = 0.30 \times (100-0) = 30$ cal

(4) 弾丸の運動エネルギー K を cal の単位で表すと

$$\frac{K}{4.2} = 1190\,\text{cal}$$

弾丸の運動エネルギーと熱放出で氷がとけたと考えると
（弾丸の運動エネルギー）＋（弾丸の熱放出）＝（氷の融解熱）

$$1190 + 30 = 80x \quad \therefore \quad x = 15\,\text{g}$$

●例題 1-6　熱量計と比熱の測定

右図のような熱量計を用いて金属球の比熱の測定実験を行った。容器に 150 g の水を入れ，温度を測定したら，20℃であった。これに 100℃，50 g の金属球を入れ，撹拌したところ，全体が 25℃ で平衡状態となった。以下の値を用いて，金属球の比熱を求めなさい。

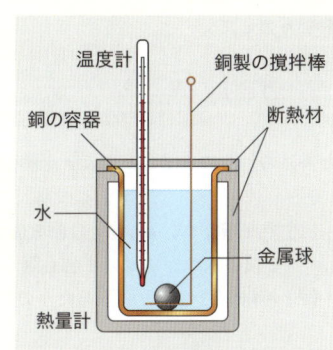

銅製容器の質量	80 g
銅製の撹拌棒の質量	20 g
水の比熱	4.2 J/g·K
銅の比熱	0.38 J/g·K

●解答

銅製容器と撹拌棒の熱容量は，(1.10) 式より

$$C = (80 + 20) \times 0.38 = 38\,\text{J/K}$$

熱量保存の法則を考える。断熱材で囲まれているので，考えるべき物体は，金属球，銅製容器，銅製の撹拌棒，水だけであることに注意が必要である。まず，各物体での熱の放出量と吸収量を求める（(1.8) 式と (1.11) 式を使う）。

・金属球が放出した熱量：$50 \times c \times (100 - 25) = 3750c$ J

・金属容器，撹拌棒および水が吸収した熱量：

$$C \times (25 - 20) + 150 \times 4.2 \times (25 - 20) = 3340\,\text{J}$$

放出された熱量と吸収された熱量は等しいので　$3750c = 3340$

$$\therefore\ c = \frac{3340}{3750} \fallingdotseq 0.891 \fallingdotseq 0.90\,\text{J/g·K}$$

演習問題

1-1
外部との熱のやりとりがない容器中で、20℃の水 200 g と、50℃の水 100 g を静かに混ぜ合わせて放置したら、やがて熱平衡状態となった。このときの水の温度はいくらか求めなさい。ただし、容器の熱容量は無視できるものとする。

1-2
図のように、温度が一定に保たれた高温物体 A（温度 T_1）と低温物体 B（温度 T_2）を用意し、その間に断面積 S、長さ l の棒状の物体 P を挟む。このとき、単位時間あたりに P を移動する熱量は、断面積 S、温度差 $T_1 - T_2$ に比例し、長さ l に反比例することが知られている。すなわち、比例定数を k として、

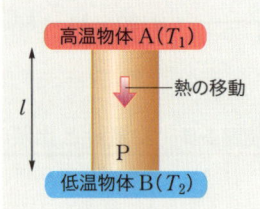

$$Q = kS \frac{T_1 - T_2}{l}$$

と書ける。このとき、k のことを熱伝導率とよぶ。これを用いて以下の問いに答えなさい。

(1) 熱伝導率が、k_1, k_2 の板を重ね、その両側を高温物体 A、低温物体 B で挟んだ。2 枚の板の厚さはいずれも等しいものとする。2 枚の板の接触面の温度 T を求めなさい。

(2) 接触面での単位面積あたりの熱の移動量 q を求めなさい。ただし、板の厚さは D とする。

1-3
質量 m_1、比熱 c_1、温度 T_1 の液体 A が、熱容量 C の容器に入っている。この容器に、質量 m_2、比熱 c_2、温度 T_2 の物体 B を入れて熱平衡状態にした。ただし、$T_1 < T_2$ とし、熱のやりとりは A、B、および容器の間でのみ行われたものとする。熱平衡に達したときの全体の温度を T とするとき、この T を求めなさい。

1-4
体膨張率 β と等温圧縮率 κ を密度 ρ を含む式で表しなさい。

2. 気体の性質
THE CHARACTERISTICS OF GAS

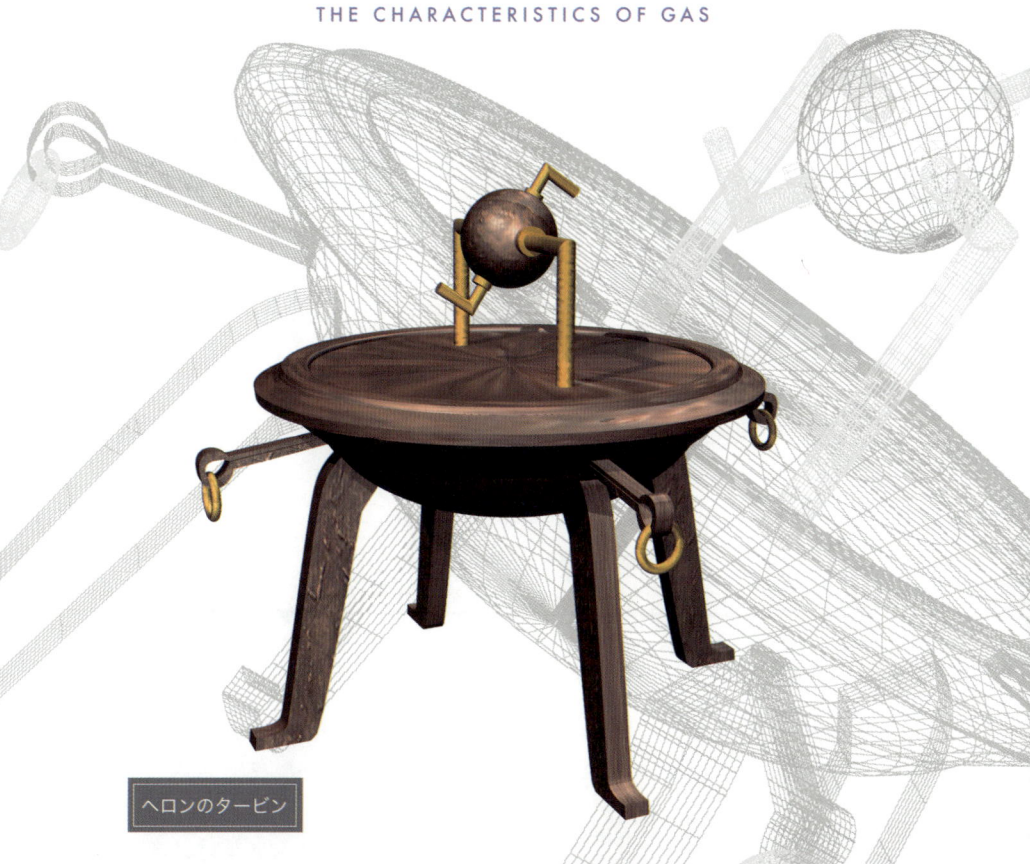

ヘロンのタービン

　ヘロンのタービンは，台の上の球についたノズルから蒸気を噴き出し，その反動で球が回転することで機械的な仕事を得ることができる。このタービンは，紀元前後あたりにヘロンによって発明された。

　本章で学ぶ気体の性質は熱力学と密接に結びついており，気体を学ぶことは熱力学を学ぶことにつながる。また，熱という抽象的なものを気体という比較的具体的なものを通して学ぶことで，熱力学，物性物理学の入門になりやすい。

　本章での話の中心は理想気体とするが，理想気体以外の気体についても考え，また，気体以外の分野に立ち入ることもある。状態の表し方や，気体分子の運動の解析を行い，分子の熱運動についても議論し，次章以降で学ぶ熱力学の第１法則，第２法則を理解するための基礎とする。

2.1 状態方程式

A ボイル・シャルルの法則

ボイル (Boyle) は，密封された空気を用いた実験を行い，温度一定のもとで空気に圧力を加えたときの空気の体積を測定することで，圧力と体積が互いに反比例することを発見した。これは，空気だけにかぎらず，他の気体についても成立することが確認された。圧力を p，体積を V，絶対温度を T とするとき，次のボイルの法則が成り立つ（図 2.1）。

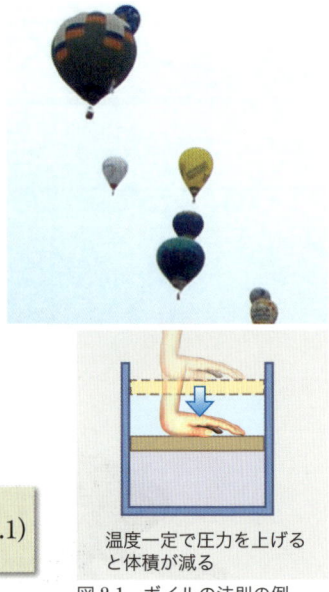

ボイルの法則

絶対温度 T が一定のとき $\quad pV = $ 一定 $\quad (2.1)$

図 2.1 ボイルの法則の例

また，シャルル (Charles) は，密封された気体の温度を圧力一定のもとで上昇させたとき，体積が一定の割合で膨張することを確認し，次に示すシャルルの法則を見いだした（図 2.2）。

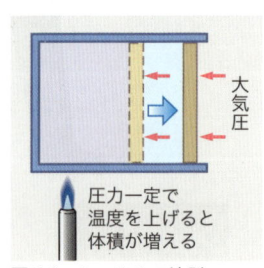

シャルルの法則

圧力 p が一定のとき $\quad \dfrac{V}{T} = $ 一定 $\quad (2.2)$

図 2.2 シャルルの法則

シャルルの法則では温度 T を扱う場合には，必ず絶対温度（単位 K）を用いなくてはならない。シャルルは，0℃のときの体積を V_0 とし，気体が1℃上昇するごとに約 $V_0/273$ ずつ体積が増加することを見つけた。すなわち，

$$V = V_0 + \frac{t}{273} V_0 \qquad (t \text{ ℃：温度}) \qquad (2.3)$$

となる。絶対温度の概念は，ここから生まれたものである。ここで，温度の目盛りとして，絶対温度 T を

$$T = 273 + t \text{ K} \tag{2.4}$$

とすれば，(2.3)式，(2.4)式より，t を消去して，

$$\frac{V_0}{273} = \frac{V}{T} \tag{2.5}$$

となり，左辺は定数であることがわかる。以上，2つの法則をグラフで表すと**図2.3**のようになる。

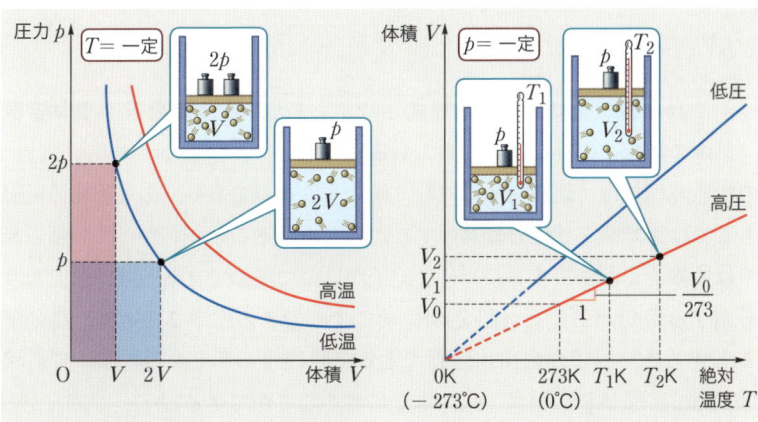

図2.3 ボイルの法則とシャルルの法則

2つの法則を1つにまとめて表すこともできる。(2.1)式，(2.2)式より，

$$\frac{pV}{T} = \text{一定} \tag{2.6}$$

が成立することがわかる。これを**ボイル・シャルルの法則**とよんでいる。これは，密封された気体に対して，状態 (p_1, V_1, T_1) から，状態 (p_2, V_2, T_2) に変化したとき，

$$\frac{p_1 V_1}{T_1} = \frac{p_2 V_2}{T_2} \tag{2.7}$$

が成立することを意味している。実際の気体では，このボイル・シャルルの法則は厳密には成立しない。しかし，圧力を小さくすれば十分に成立する式であり，この式が成立する気体のことを**理想気体**とよんでいる。

B 状態方程式

温度 $t=0℃$（$T=273$ K），圧力 $p=1$ atm（$1.013×10^5$ Pa），体積 $V=22.4\ l$（$22.4×10^{-3} m^3$）の気体を 1 mol という（p.31 参照）。すなわち，(2.6) 式は，n mol の気体に対して

$$\frac{pV}{T} = \frac{1.013×10^5×22.4×10^{-3}×n}{273} ≒ 8.31n \tag{2.8}$$

と計算できる。ここで，$R = 8.31$ J/mol・K とおくと

$$pV = nRT \tag{2.9}$$

となり，これを**理想気体の状態方程式**という。また，比例定数 R は**気体定数**とよばれ，気体の種類に依存しない定数である。

この状態方程式は，理想気体に対して成立するものであり，ある程度の低温や高圧のもとでは実測値と状態方程式のずれが大きくなることがわかっている。高圧のもとでは気体分子が密集するために，分子が自由に運動できる空間が狭くなり，それを考慮する必要が生じる（**図 2.4**）。そこで，分子の大きさを考え，全分子の体積を b とすると，分子が自由に運動できる空間は $V-b$ となる。よって，状態方程式は 1 mol の気体について，次のように書くことができる。

$$p(V-b) = RT \tag{2.10}$$

また，温度が低い場合には，気体の体積が小さくなり分子が密集し，分子間引力が無視できなくなる。1 mol の気体では，V^2 に反比例する量だけ圧力が減少することがわかっている。したがって，圧力は，(2.10) 式から

$$p = \frac{RT}{V-b} - \frac{a}{V^2} \tag{2.11}$$

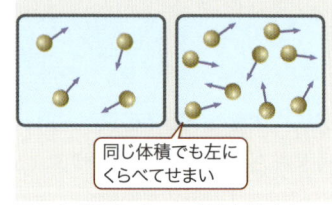

図 2.4 高圧によって空間が狭くなるイメージ

となる。よって，

$$\left(p+\frac{a}{V^2}\right)(V-b) = RT \tag{2.12}$$

となる。この状態方程式のことを**ファン・デル・ワールスの状態方程式**という。

C 状態の変化

ほとんどの気体は，十分に低温にすると液体や固体になる。また，圧力を上げていくと液化するものもある。このような状態変化を**図2.5**にp-Vグラフ，p-Tグラフで示す。図中の**臨界点**とは，圧縮により液化しうる最高の温度のことである。また，**三重点**，**三重線**とは，固定・液体・気体の3つの相が共存する領域である。

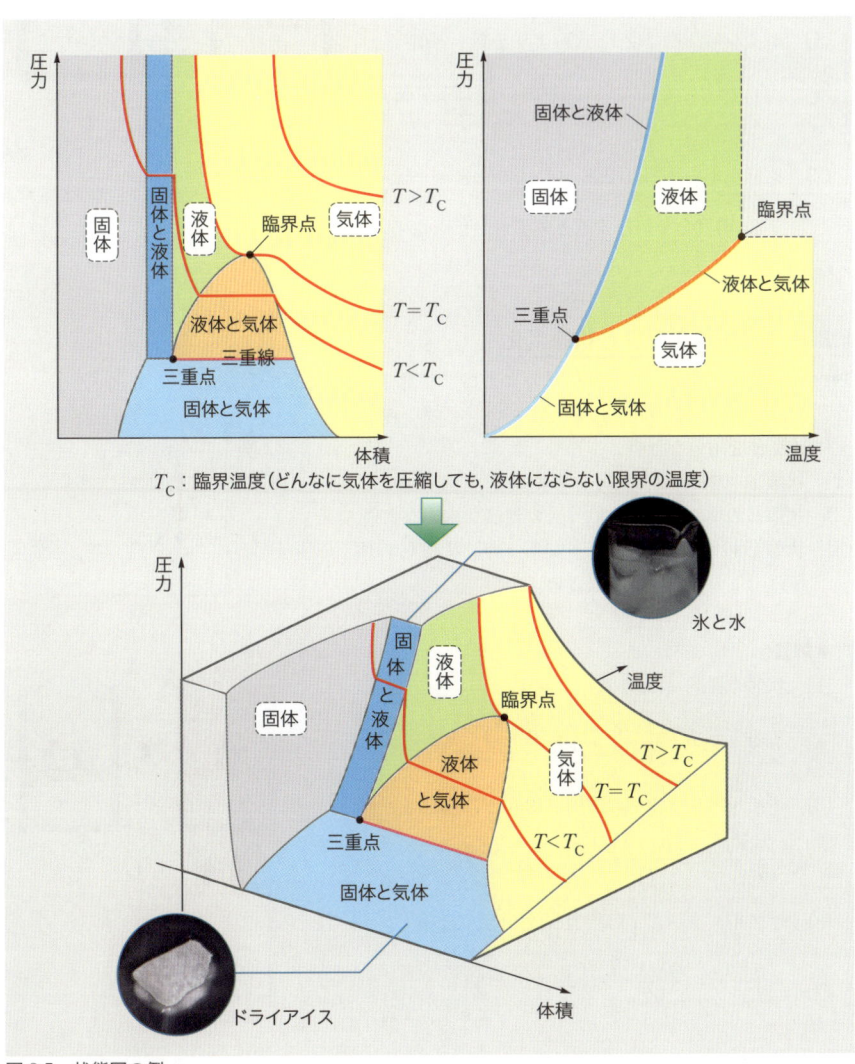

図2.5 状態図の例

例題 2-1　ボイル・シャルルの法則

一定量の理想気体に対して以下の変化をさせたとき，それぞれの問いに答えなさい。
(1) 絶対温度一定のもとで，圧力を 2 倍にしたとき体積は何倍になるか求めなさい。
(2) 圧力一定のもとで，気体の温度を 2 倍にしたとき体積は何倍になるか求めなさい。

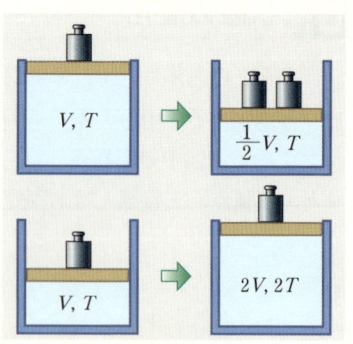

●解答

(1) ボイルの法則 ((2.1) 式) より $pV = $ 一定

∴ 圧力を 2 倍にすると体積は $\dfrac{1}{2}$ 倍となる。

(2) シャルルの法則 ((2.2) 式) より $\dfrac{V}{T} = $ 一定

∴ 温度を 2 倍にすると体積も 2 倍となる。

例題 2-2　p-V グラフと状態変化

1 mol の一定量の理想気体を右図のように，状態 A → 状態 B → 状態 C へと変化させた。グラフを利用して以下の問いに答えなさい。必要ならば，気体定数 R を用いなさい。
(1) 状態 A の絶対温度 T_A を求めなさい。
(2) 状態 B の絶対温度 T_B は T_A の何倍か求めなさい。
(3) 状態 C の絶対温度は $6T_A$ であった。状態 C の体積は V_0 の何倍か求めなさい。

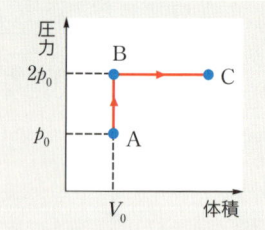

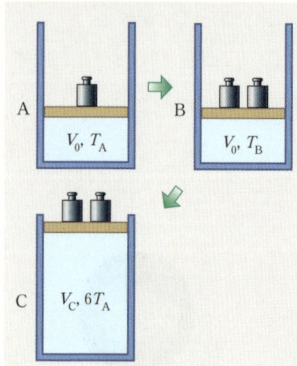

●解答

(1) 状態方程式 ((2.9) 式) より

$$p_0 V_0 = RT_A \quad \therefore T_A = \dfrac{p_0 V_0}{R}$$

(2) ボイル・シャルルの法則 ((2.6) 式) より

$$\dfrac{p_0 V_0}{T_A} = \dfrac{2p_0 \cdot V_0}{T_B} \quad \therefore T_B = 2T_A$$

よって，2 倍。

(3) ボイル・シャルルの法則 ((2.6) 式) より

$$\dfrac{p_0 V_0}{T_A} = \dfrac{2p_0 \cdot V_C}{6T_A} \quad \therefore V_C = 3V_0$$

よって，3 倍。

例題2-3 状態方程式

右図はある物質1molのp-Vグラフである。絶対温度をTで表し，それぞれに添え字がつけられている。以下の問いに答えなさい。

(1) 絶対温度T_1のときのAB間はどのような状態か。説明しなさい。

(2) 点Aから左側で急激に圧力が上昇している理由を述べなさい。

(3) 点Cは何とよばれる点で，どのような状態か。説明しなさい。

(4) ファン・デル・ワールスの状態方程式

$$\left(p+\frac{a}{V^2}\right)(V-b) = RT$$

と，図の曲線との関係を述べなさい。また，体積Vが十分に大きくなると，この状態方程式が理想気体の状態方程式になることを示しなさい。

(5) (4)の式が成立するとき，点Cが変曲点であることを用いて，V_C，T_Cをa，b，Rを用いて表しなさい。

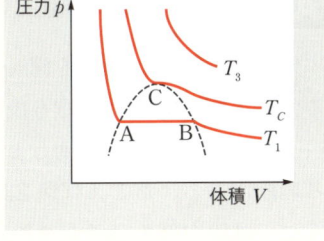

●解答

(1) 液体と気体が混在している状態。

(2) 液体となると，圧力を大きくしても，体積は小さくなりにくいため。

(3) 臨界点。温度T_C以上では，圧力をどんなに上げても液化しない。T_Cはこの現象の限界を示す。

(4) 直線部ABを除いて，曲線部はこの式とほぼ一致する。

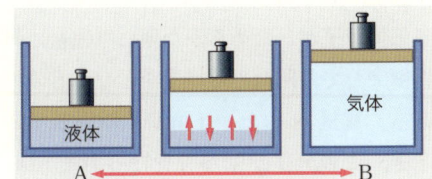

$V \to \infty$ とすると $\frac{a}{V^2} \to 0$，$V-b \to V$ と見なせるので $pV = RT$ となる。

(5) (2.11)式を体積Vで微分する。すなわち，$\left(\frac{\partial p}{\partial V}\right)_T = 0$，$\left(\frac{\partial^2 p}{\partial V^2}\right)_T = 0$ より

$$\frac{RT_C}{(V_C-b)^2} + \frac{2a}{V_C^3} = 0, \quad \frac{2RT_C}{(V_C-b)^3} - \frac{6a}{V_C^4} = 0$$

2式より $V_C = 3b$，$T_C = \dfrac{8a}{27bR}$

2.2 理想気体の分子運動論

A 理想気体の理論上の状態方程式

分子運動論とは，物体を構成している分子の運動を力学的に取り扱うことによって物質の性質を解明しようとする理論である。たとえば図2.6のように，風船内部の分子が風船にぶつかっていることで風船がふくらむ，と考えることができる。ここでは，比較的簡単に取り扱える理想気体の分子運

図2.6　気体の分子運動

動に着目し，これまで述べてきた気体の性質を理論的に考察するとともに，その理論をより発展させ，気体を力学的に扱うことを考える。

圧力は単位面積あたりの力で定義されているが，分子運動論に基づいて考えると，着目している面に気体分子が衝突し，その衝撃によってその面に圧力が生じると考える。

図2.7は，速度 $v(v_x, v_y, v_z)$ で運動する気体分子が，なめらかな壁に（完全）弾性衝突して，跳ね返る様子を示したものである。質量 m の分子1個が1回衝突するとき，この分子が壁から受ける力積 i は，運動量と力積の関係から，

$$mv_x + i = -mv_x \qquad (2.13)$$

であるから，

$$i = -2mv_x \qquad (2.14)$$

となる。したがって，壁が受ける力積は，

$$-i = 2mv_x \qquad (2.15)$$

である。ここで，壁上の任意の面積 S を考え，この S に単位時間あたりに衝突する分子の個数を考える。この速度 v の分

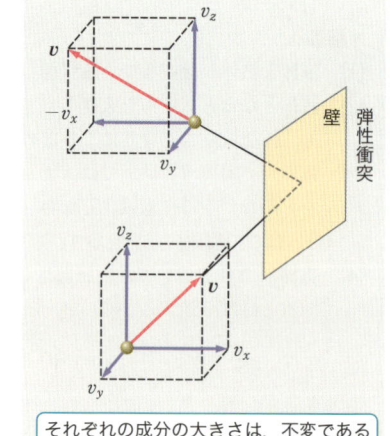

それぞれの成分の大きさは，不変である

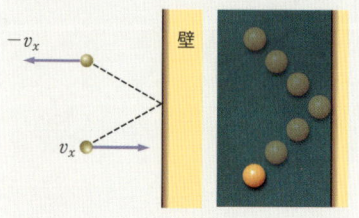

図2.7　壁に衝突する気体分子

子の単位体積あたりの分子の個数を $n(\boldsymbol{v})$ とすると，S に単位時間あたり衝突する分子の個数は，図 2.8 より体積 $v_x S$ 中の分子を考えて，次式のように表される．

$$N_1 = n(\boldsymbol{v}) v_x S \tag{2.16}$$

N の添え字の「1」は，単位時間あたりの量であることを示す．したがって，面積 S の壁が単位時間あたりに受ける力積 I は，$v_x > 0$ の分子のみを考えて，(2.15) 式，(2.16) 式より

$$\begin{aligned} I &= \sum_{v_x > 0} 2m v_x \times N_1 \\ &= \sum_{v_x > 0} 2m v_x^2 \times n(\boldsymbol{v}) S \end{aligned} \tag{2.17}$$

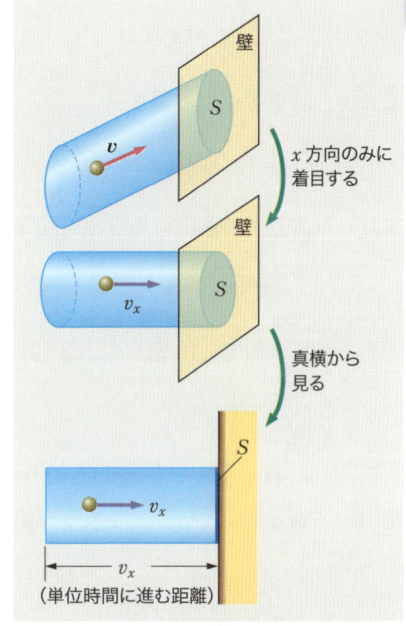

図 2.8 S に単位時間あたりに衝突する分子が含まれる領域の体積

となる．ここで，気体の性質は，気体分子の運動方向によって変化しないので，$v_x > 0$ についての総和は，v_x についての総和の半分と考えられる（図 2.9）．これより，(2.17) 式は，

$$\begin{aligned} I &= \sum_{v_x > 0} 2m v_x^2 n(\boldsymbol{v}) S \\ &= \frac{1}{2} \sum_{\substack{すべての \\ v_x}} 2m v_x^2 n(\boldsymbol{v}) S \\ &= \sum_{\substack{すべての \\ v_x}} m v_x^2 n(\boldsymbol{v}) S \end{aligned} \tag{2.18}$$

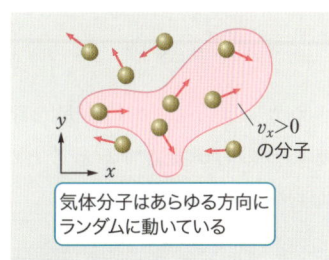

図 2.9 $v_x > 0$ の分子

となる．ここで，$n(\boldsymbol{v})$ に対して，単位体積あたりの全分子数を n_0 とすると，v_x^2 の平均値 $\langle v_x^2 \rangle$ が定義できて，

$$\langle v_x^2 \rangle = \frac{\sum_{\substack{すべての \\ v_x}} v_x^2 n(\boldsymbol{v})}{n_0} \tag{2.19}$$

と書ける．これを用いると，(2.18) 式は，

$$I = n_0 m \langle v_x^2 \rangle S \tag{2.20}$$

ここで，三平方の定理より，

$$\langle v^2 \rangle = \langle v_x^2 \rangle + \langle v_y^2 \rangle + \langle v_z^2 \rangle \tag{2.21}$$

また，気体分子の運動の等方性（**図2.10**）より，

$$\langle v_x^2 \rangle = \langle v_y^2 \rangle = \langle v_z^2 \rangle \tag{2.22}$$

と考えられるので，(2.21) 式，(2.22) 式より，

$$\langle v_x^2 \rangle = \frac{1}{3} \langle v^2 \rangle \tag{2.23}$$

となる。これより，単位時間あたりに，単位体積内の気体分子が面積Sに与える力積Iは，(2.20) 式より，

$$I = n_0 \times \frac{1}{3} m \langle v^2 \rangle S \tag{2.24}$$

と書ける。ここで，気体全体の体積をV，気体全体の分子数をNとすると，

$$N = n_0 \times V \quad \therefore \quad n_0 = \frac{N}{V} \tag{2.25}$$

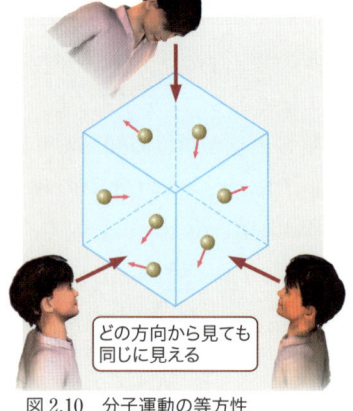

図2.10 分子運動の等方性

どの方向から見ても同じに見える

となり，さらに，単位時間で考えているので力積と力の大きさが等しく，単位面積あたりの力が圧力であることから，IをFに書き換え，これをSで割ると圧力pが得られる。すなわち，

$$p = \frac{F}{S} = \frac{I}{S} = \frac{N}{3V} m \langle v^2 \rangle \tag{2.26}$$

となる。これより，

$$pV = \frac{1}{3} Nm \langle v^2 \rangle \tag{2.27}$$

と書ける。この式は，分子の運動を力学的に考えて，気体の状態方程式の形に書き換えたものである。これを**理論上の状態方程式**とよぶことがある。

B 状態方程式との比較

前項 A で求めた理論上の状態方程式と，ボイル・シャルルの法則から得られた理想気体に対する状態方程式を比較してみる．後者は，(2.9) 式より 1 mol の気体に対して

$$pV = RT \tag{2.28}$$

である．1 mol の気体の分子数を N_A（アボガドロ数という）とおくと，(2.27) 式は，

$$pV = \frac{1}{3} N_A m \langle v^2 \rangle \tag{2.29}$$

となる．したがって，上記の 2 式を比較すると，たがいに右辺が等しくなり，

$$\frac{1}{3} N_A m \langle v^2 \rangle = RT \tag{2.30}$$

と書ける．これより，気体分子の運動エネルギーの平均値は，

$$\frac{1}{2} m \langle v^2 \rangle = \frac{3}{2} \frac{R}{N_A} T = \frac{3}{2} kT \tag{2.31}$$

と書ける．ここで，$k = R/N_A$ は**ボルツマン定数**とよばれている．これより，「気体の温度は，気体分子の運動エネルギーに比例している」ことがわかる．すなわち，温度を測定するということは，気体分子の平均運動エネルギーを測定していることに他ならないのである．さらに，この式より，絶対温度 T は，負にならない，すなわち，絶対温度の最小値は 0 K（絶対零度という）であることも容易に理解できる．

C 根 2 乗平均速度と内部エネルギー

(2.31) 式を変形すると，

$$\sqrt{\langle v^2 \rangle} = \sqrt{\frac{3RT}{mN_A}} = \sqrt{\frac{3RT}{M}} \tag{2.32}$$

と書ける．ここで，M は気体の分子量である．$\sqrt{\langle v^2 \rangle}$ のことを**根 2 乗平均速度**または，単に **2 乗平均速度**とよぶこともある．この式より，根 2 乗平均速度は，絶対温度の平方根に比例し，気体の分子量の平方根に反比例することがわかる．

以上のように，気体の分子運動論を議論することで，気体の圧力（力積計算から），気体の絶対温度（状態方程式との比較から），気体分子の平均運動エネルギーなどが判明した。このことから，気体は絶対零度でないかぎり，存在するだけで運動エネルギーをもつことも理解できる。すなわち，絶対温度が0Kでなければ，気体分子は個々に運動エネルギーをもっていることがわかる。これより，内部エネルギーを定義しよう。

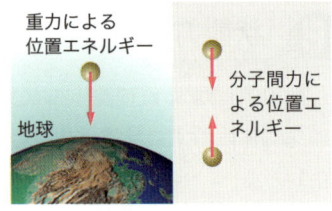

図2.11　位置エネルギー

　気体のもつ力学的エネルギー，すなわち，分子間力による位置エネルギーと分子の熱運動による運動エネルギーの総和を**内部エネルギー**とよんでいる。しかし，理想気体では，希薄な気体を考えているので，分子間力による位置エネルギーは0と考えられる。したがって，理想気体では，内部エネルギーは，気体分子の運動エネルギーの総和に等しいことになる。単原子分子（気体分子を質点の集まりと考える）にかぎると，内部エネルギー U は，1 mol あたり

$$U = N_A \times \frac{1}{2} m \langle v^2 \rangle \tag{2.33}$$

で定義できることになる。(2.31) 式を用いると，この式は，

$$U = \frac{3}{2} RT \tag{2.34}$$

と書ける。したがって，n mol の単原子分子理想気体の内部エネルギーは，

$$U = \frac{3}{2} nRT \tag{2.35}$$

と表すことができる。これより，一定量の理想気体の内部エネルギーは，絶対温度 T にのみ依存する量であることがわかる。

D　エネルギー等分配

　(2.31) 式を成分で表すと，以下のようになる。

$$\frac{1}{2} m \langle v_x^2 \rangle + \frac{1}{2} m \langle v_y^2 \rangle + \frac{1}{2} m \langle v_z^2 \rangle = \frac{3}{2} kT \tag{2.36}$$

2.2 理想気体の分子運動論

ここで，(2.22) 式より $\langle v_x^2 \rangle = \langle v_y^2 \rangle = \langle v_z^2 \rangle$ が成立することを考慮すると，

$$\frac{1}{2}m\langle v_x^2 \rangle = \frac{1}{2}m\langle v_y^2 \rangle = \frac{1}{2}m\langle v_z^2 \rangle \tag{2.37}$$

である。したがって，(2.36) 式より

$$\frac{1}{2}m\langle v_x^2 \rangle = \frac{1}{2}m\langle v_y^2 \rangle = \frac{1}{2}m\langle v_z^2 \rangle = \frac{1}{2}kT \tag{2.38}$$

となる。この式より x，y，z 方向の運動に対して，それぞれ等しいエネルギーが分配されていることがわかる。さらに，その分配されたエネルギーは，絶対温度 T にのみ依存することもわかる。このことを，**エネルギー等配則**という。

この考え方を用いると，2原子分子についても内部エネルギーを式で表すことができる。2原子分子では，並進運動に対する x，y，z の3つの自由度に加えて，回転の自由度が2つ加わることになる（図 2.12 参照）。すなわち，自由度が計5つになるので，(2.38) 式より

$$1\text{自由度に対する運動エネルギー} \times 5 = \frac{1}{2}kT \times 5 = \frac{5}{2}kT$$

が，1つの分子がもつ平均運動エネルギーとなる。これより，1 mol の2原子分子気体の内部エネルギーは，次のように書ける。

$$U = N_\mathrm{A} \times \frac{5}{2}kT = \frac{5}{2}RT \tag{2.39}$$

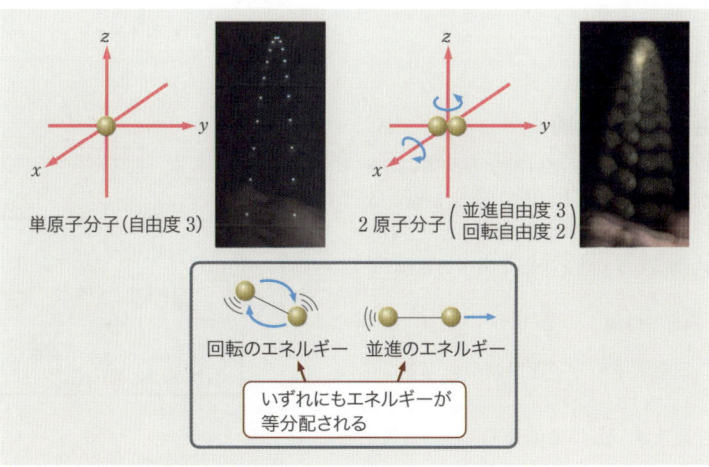

図 2.12　気体分子の運動の自由度

例題2-4　根2乗平均速度

27℃における以下の気体分子の根2乗平均速度を求め，比較しなさい。ただし，気体定数を $R=8.31$ J/mol・K とする。

(1) 酸素（分子量 32）
(2) 二酸化炭素（分子量 46）

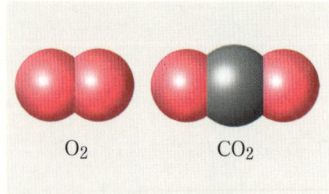

●解答

(2.32) 式より $\sqrt{\overline{v^2}} = \sqrt{\dfrac{3RT}{M}}$

ここで，$R=8.31$ J/mol・K，$T=273+27=300$ K である。

(1) 上式で酸素の分子量 $M=32\times 10^{-3}$ kg として

$$\sqrt{\overline{v^2}} = \sqrt{\dfrac{3\times 8.31\times 300}{32\times 10^{-3}}} \fallingdotseq 483 \text{ m/s}$$

(2) 同様に $\sqrt{\overline{v^2}} = \sqrt{\dfrac{3\times 8.31\times 300}{46\times 10^{-3}}} \fallingdotseq 403$ m/s

［考察］$\sqrt{\overline{v^2}}$ は，気体分子の速さの程度を表す量であるが，上記の計算のように，非常に大きな速さをもっていることがわかる。たとえば，常温での音速が約 340 m/s であることからも，その大きさが理解できる。上記の結果から1秒間におよそ 400 m 以上の移動する速さをもっているが，実際には，多数ある分子どうしで衝突を起こすので，1つの分子が1秒後に 400 m 先まで移動しているというようなことは起こらない。

例題2-5　分子運動論

重力の効果が無視できない場合の気体の分子運動を考える。右図のような容器に，1 mol（分子数 N_A）の単原子分子理想気体が封入されているとき，容器の上面と下面での圧力差が

$$p_{\text{下面}} - p_{\text{上面}} = \dfrac{mg}{S}N_A$$

となることを気体の分子運動論から導きなさい。ただし，S は上面，下面の面積，g は重力加速度の大きさ，m は気体分子1個の質量である。

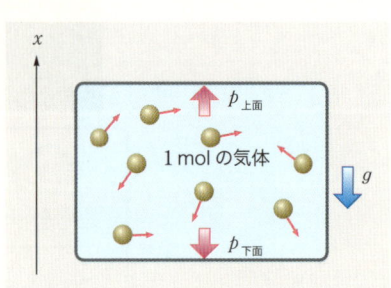

2.2 理想気体の分子運動論

● 解答

上面に v_x で弾性衝突した分子は，重力で加速され，下面では $v_x' = -v_x - gt$ の速度で衝突する（t：上面から下面までの所要時間）。したがって，

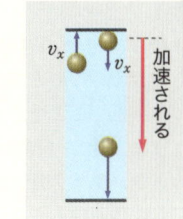

　　上面が分子1個から受ける力積 $i_{上面} = 2mv_x$

　　下面が分子1個から受ける力積 $i_{下面} = 2mv_x' = -2m(v_x + gt)$

である。分子が衝突する回数は単位時間あたり $\dfrac{1}{2t}$ であるから，上下面での圧力はそれぞれ

$$p_{上面} = \frac{F_{上面}}{S} = \frac{分子数 \times \langle 上面が分子1個から受ける力積 \times 衝突回数 \rangle}{S}$$

$$= \frac{N_A \left\langle i_{上面} \dfrac{1}{2t} \right\rangle}{S} = \frac{N_A m}{S} \left\langle \frac{v_x}{t} \right\rangle$$

$$p_{下面} = \frac{F_{下面}}{S} = \frac{N_A \left\langle |i_{下面}| \dfrac{1}{2t} \right\rangle}{S} = \frac{N_A m}{S} \left\langle \frac{v_x}{t} \right\rangle + \frac{N_A mg}{S}$$

$$\therefore\ p_{下面} - p_{上面} = \frac{mg}{S} N_A$$

● アボガドロの法則（アボガドロの仮説）とアボガドロ数

「あらゆる気体は，温度と圧力が同じであるならば，同数の分子を含んでいる」という仮説がアボガドロの法則とよばれるものである。また，12 g の炭素の同位体 ^{12}C の中の原子の数を基準とし，これと同数の分子を含む物質の量を 1 mol という。1 mol の気体中には，アボガドロ数 N_A 個の分子が含まれており，およそ

$$N_A = 6.02 \times 10^{23}\ 1/\text{mol}$$

である。このアボガドロ数は気体だけでなく，一般の物質についても用いられ，たとえば，「1 mol の電子」といえば，「6.02×10^{23} 個の電子」のことをいう。

演習問題

2-1

体積 V の2つの容器を細管で連結し，理想気体を密封しておく。このとき，気体の圧力は p_0，絶対温度は T_1 であった。ここで，一方の容器は，絶対温度を T_1 に保ったまま，他方の容器だけ温度を T_2 まで上昇させた。このとき，気体の圧力 p はいくらか求めなさい。ただし，細管の体積は考えなくてよいものとする。

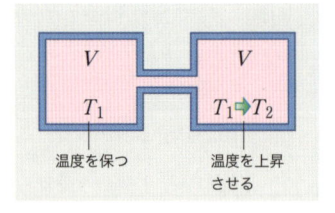

2-2

気体の状態方程式が，a, b, R を定数として

$$p = \frac{RT}{V-b} - \frac{a}{V^2} \quad (2.11) \text{式参照}$$

と表されるとき，体膨張率 β と等温圧縮率 κ をそれぞれ求めなさい。

2-3

分子数 N 個の気体を考える。この気体の圧力を p，体積を V，分子1個あたりの運動エネルギーを ε とするとき，

$$p = \frac{2}{3}\frac{N}{V}\varepsilon$$

が成立することを示しなさい。

2-4

一辺の長さが L の立方体容器（体積 $V = L^3$）に，質量 m の単原子分子が N_A（アボガドロ数）個封入されている。すべての分子が同じ速さ v で運動し，x, y, z 方向にそれぞれ $N_A/3$ 個ずつ運動しているものと仮定して，

$$pV = \frac{1}{3}N_A m v^2 \quad (2.29) \text{式参照}$$

を導きなさい。

2-5

真空膨張では温度が不変である。このことを気体の分子運動論から説明しなさい。

3. 熱力学の第1法則
FIRST LAW OF THERMODYNAMICS

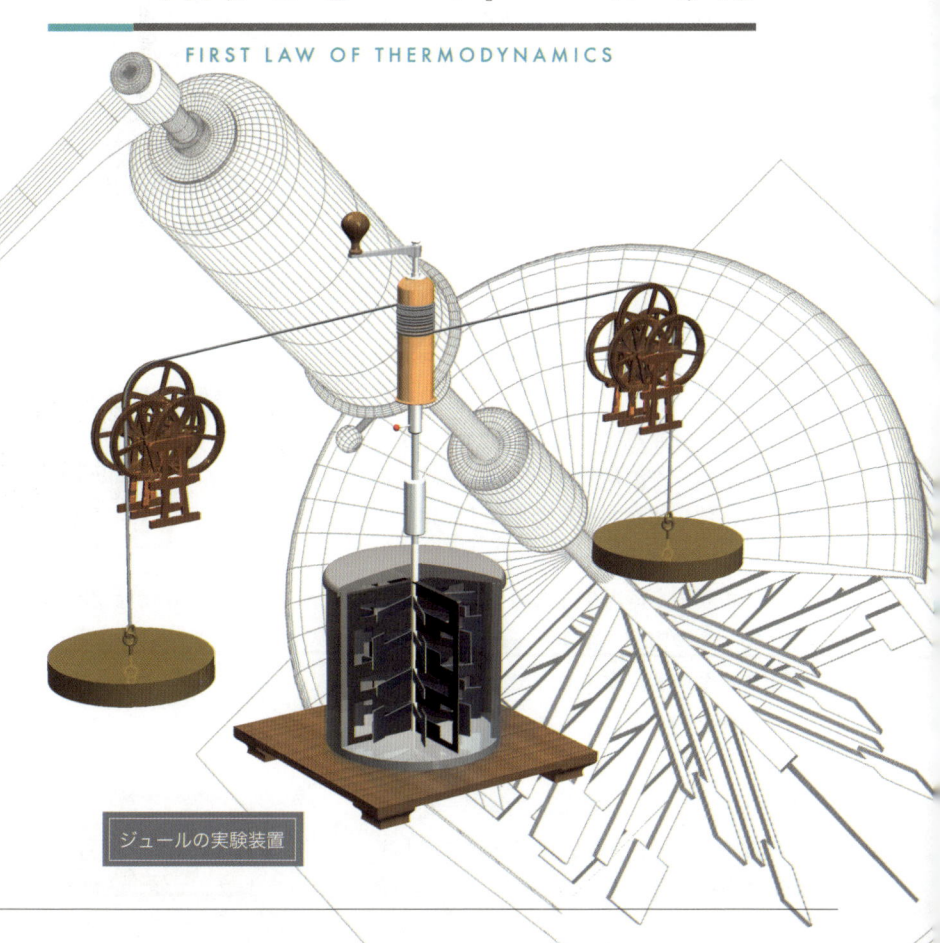

ジュールの実験装置

　ジュールの実験装置は，おもりが失った位置エネルギーが水の温度上昇として保存されることを確かめることができる。このエネルギー保存則は熱力学にかぎらず物理学全般に関わってくるものであるが，本章ではこの法則について考える。熱量，仕事，内部エネルギーの関係を明らかにし，数式の形で導出する。また，気体に対して熱容量を考え，熱サイクルまで踏み込んで考察する。

3.1 熱力学の第1法則

A 内部エネルギーの変化

前章で，理想気体の内部エネルギー U について，$U=$（分子運動の運動エネルギーの総和）として取り扱った。しかし，理想気体にかぎらない場合には，内部エネルギーは分子運動の力学的エネルギーの総和として考えなくてはならない（図3.1）。すなわち簡単な言葉を使えば，内部エネルギーとは，物体の中に蓄えられたエネルギーであり，物体そのものの現状でのエネルギーという概念である。

このため，理想気体では，内部エネルギーは絶対温度にのみ依存するが，一般には，絶対温度と体積に依存すると考えなくてはならない。これは，分子間距離に大きく依存する位置エネルギーを考慮するためである。

そこで，この内部エネルギーがどんな要因で変化するかを考察することで，エネルギーの授受関係を明らかにする。

例として，ある物体を加熱してみる。当然，物体の温度は上昇し，内部エネルギーが増加したと考えられる。また，ある物体に対してその表面を強く擦ると，摩擦によって熱が発生し，物体そのものの温度が上昇する。この現象は，熱を加えていないにも関わらず，摩擦による仕事によって，物体の内部エネルギーが増加したと考えられる。

原因は異なるが，いずれの場合も，物体を構成している分子の運動が激しくなり，物体のもつエネルギーが大きくなったことを示している。このように考えると，内部エネルギーを増加させる方法は3種類あることがわかる。すなわち，物体に対して，なんらかの熱を加えるか，なんらかの力による仕事を加えるか，または，両方とも行うことである。

火おこし
運動エネルギーが熱エネルギーに変換されて発火する。

人の身体でたとえると，加熱＝「食事」，仕事＝「運動」

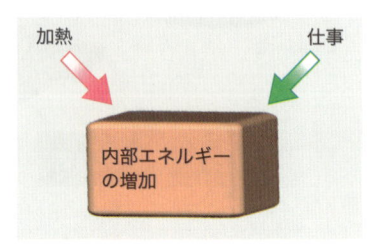

図3.1 系に加えられる熱と仕事

3.1 熱力学の第 1 法則

B 熱力学の第 1 法則

前項 A の内容を式で表す。内部エネルギーの増加を ΔU, 物体にした仕事を W, 物体が吸収した熱量を Q とすると

$$\Delta U = Q + W \tag{3.1}$$

となる。これが**熱力学の第 1 法則**であり，簡単にいえば，仕事とエネルギーの関係式であり，エネルギー保存則の一種であると考えることができる。

熱力学の第 1 法則

ある 1 つの系に対して，外部から吸収した熱量と外部からされた仕事の和は，その系の内部エネルギーの増加に等しい。

注意したいのは，(3.1) 式の Q, W, ΔU の正負である。式と現象を一致させるために，図 **3.2** でくわしく述べておく。

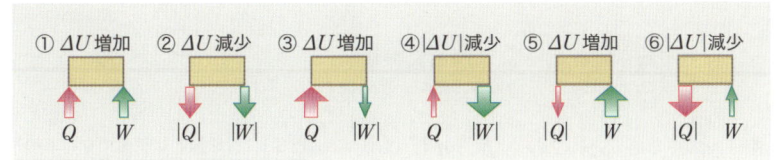

① ΔU 増加　② ΔU 減少　③ ΔU 増加　④ $|\Delta U|$ 減少　⑤ ΔU 増加　⑥ $|\Delta U|$ 減少
　Q　W　　$|Q|$　$|W|$　　Q　$|W|$　　Q　$|W|$　　$|Q|$　W　　$|Q|$　W

図 3.2　熱，仕事，内部エネルギーの正と負

① $Q>0$, $W>0$, $\Delta U>0$
　系が熱量 Q を吸収，仕事 W をされたため，内部エネルギーが ΔU 増加した。
② $Q<0$, $W<0$, $\Delta U<0$
　系が熱量 $-Q$ を放出，仕事 $-W$ をしたため，内部エネルギーが $-\Delta U$ 減少した。
③ $Q>0$, $W<0$, $\Delta U>0$
　系が熱量 Q を吸収，仕事 $-W$ をしたために，内部エネルギーが ΔU 増加した。
④ $Q>0$, $W<0$, $\Delta U<0$
　系が熱量 Q を吸収，仕事 $-W$ をしたために，内部エネルギーが $-\Delta U$ 減少した。
⑤ $Q<0$, $W>0$, $\Delta U>0$
　系が熱量 $-Q$ を放出，仕事 W をされたために，内部エネルギーが ΔU 増加した。
⑥ $Q<0$, $W>0$, $\Delta U<0$
　系が熱量 $-Q$ を放出，仕事 W をされたために，内部エネルギーが $-\Delta U$ 減少した。

この正負の関係は，熱の出入りや仕事の流れをみるうえで非常に重要である。この 6 通りの現象を 1 つの式で表したのが (3.1) 式であることを，忘れてはならない。

内部エネルギーは，その物体の状態で決まるものであるから，内部エネルギーの変化も，その状態の変化で決まる。しかし，熱量や仕事は，物体の状態で決まるものではない（図 3.3）。そういう意味では，日常で使われる「物体が熱をもっている」という表現は「物体が仕事をもっている」という表現が不適切であるのと同様に，不適切である。

このように，内部エネルギー，仕事，熱量についての関係式を考えてきたが，内部エネルギーは物体がもっているエネルギーと考えてよいのに対して，仕事や熱量は，状態では決まらず，「もっている」という表現を用いることはできない。

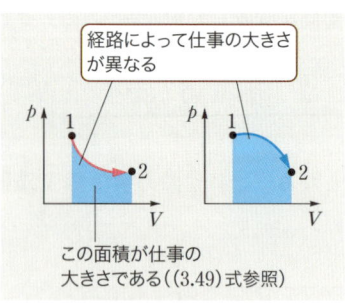

図 3.3　仕事の大きさ

さてここで，(3.1) 式に対する微小変化を考えてみる。系のもっている内部エネルギーの微小増加量を dU とすると，これの変化は，微小な熱量と微小な仕事によってもたらされたと考えられるので，(3.1) 式より

$$dU = \text{微小な熱量} + \text{微小な仕事} \tag{3.2}$$

と表すことができる。このとき，dU は状態量であるから，全微分で表すことができる。それに対して，熱量や仕事には，微小な変化（微小な増加量，減少量）といった概念はない。すなわち，dQ，dW といった全微分での表記はできない。それを明確にするために，面倒ではあるが，あえて，d にダッシュをつけて

表 3.1　状態量と状態量でないもの

状態量	状態量でないもの
温度 T，体積 V 内部エネルギー U エントロピー S エンタルピー H	熱量 Q 仕事 W

$$\text{微小な熱量} = d'Q \quad \text{微小な仕事} = d'W \tag{3.3}$$

と書き，(3.2) 式は，

$$dU = d'Q + d'W \tag{3.4}$$

と書く。これが，熱力学の第1法則の微小量に対する式である。

なお，一般に Δ は変化量について用い，d（ここでは d' も含む）は微小変化に対して用いる。すなわち (3.1) 式はある変化に対する式で，(3.2) 式は微小変化に対する式である。

C 準静的過程と第1法則

準静的過程とは，系の状態が変化しながらもつねに平衡な状態を保って変化する過程のことをいう。実際には，平衡状態になるためには十分な時間経過が必要であるが，非常に小さな変化の積み重ねで状態の変化が起こる場合には，平衡点が連続して状態が変化すると考えてよい。

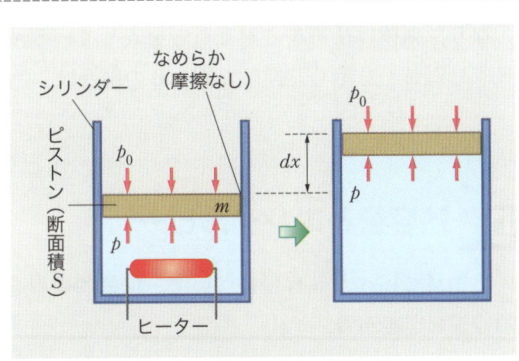

図 3.4 断熱材でできたピストン付きシリンダー

たとえば，**図 3.4** のように，断熱材でできたピストンつきシリンダー内の気体を考える。ピストン（質量 m）はなめらかに移動できるものとする。ヒーターを用いてゆっくり加熱すると，ピストンは，ゆっくりと上方へ移動する。このとき，つねに気体全体が一様に温度上昇すると考えるならば，圧力はつねに一定のまま，状態変化が起こると考えることができる。外気を希薄なものと考えるとならば，この変化の過程においてシリンダー内の気体は，つねに，

$$p = \frac{mg}{S} \quad (S：ピストンの断面積) \tag{3.5}$$

を保ったままの準静的過程である。この場合，気体がした仕事は，気体がピストンにおよぼす力を F，ピストンの移動距離を dx とすると，

$$F \cdot dx = pS \cdot dx = p \cdot Sdx = pdV \tag{3.6}$$

と書ける（dV はピストンによる体積変化）ので，系がされた仕事は，

$$W = -pdV \tag{3.7}$$

となり，熱力学の第1法則 (3.4) 式は，

$$dU = d'Q - pdV \quad（または，d'Q = dU + pdV） \tag{3.8}$$

となる．ここで，W は系がされた仕事として定義しているので，$dV>0$ の場合には $W<0$ となり，系は仕事をしたことを示す．また，$dV<0$ の場合には $W>0$ となり，気体は仕事をされたことを表している．また，$d'Q>0$ の場合は，熱量を吸収したことを示し，逆に $d'Q<0$ の場合は，熱量を放出したことになる．

D 熱容量とエンタルピー

第1章で述べた熱容量について，準静的過程を用いてよりくわしく考えてみる．熱容量の定義から，

$$\text{圧力一定の場合} \quad C_p = \frac{d'Q}{dT} \quad (p：一定) \tag{3.9}$$

$$\text{体積一定の場合} \quad C_V = \frac{d'Q}{dT} \quad (V：一定) \tag{3.10}$$

となり，それぞれ，C_p：**定圧熱容量**，C_V：**定積熱容量**とよぶが，物質量を 1 mol として考えれば，それぞれ**定圧（モル）比熱**，**定積（モル）比熱**と考えることができる．ここで，(3.8) 式 $d'Q = dU + pdV$ において，先に述べたように，U が絶対温度 T，体積 V の関数であるから

$$dU = \left(\frac{\partial U}{\partial T}\right)_V dT + \left(\frac{\partial U}{\partial V}\right)_T dV \tag{3.11}$$

と書けるので，(3.8) 式は，

$$d'Q = \left(\frac{\partial U}{\partial T}\right)_V dT + \left(\frac{\partial U}{\partial V}\right)_T dV + p\,dV$$
$$= \left(\frac{\partial U}{\partial T}\right)_V dT + \left\{\left(\frac{\partial U}{\partial V}\right)_T + p\right\} dV \tag{3.12}$$

となる。ここで，(3.9) 式，(3.10) 式より

$$C_p = \frac{d'Q}{dT} = \left(\frac{\partial U}{\partial T}\right)_V + \left\{\left(\frac{\partial U}{\partial V}\right)_T + p\right\}\left(\frac{\partial V}{\partial T}\right)_t \tag{3.13}$$

また，定積変化では，$dV = 0$ であるから

$$C_V = \frac{d'Q}{dT} = \left(\frac{\partial U}{\partial T}\right)_V \tag{3.14}$$

となる。ここで，(3.13) 式，(3.14) 式を比較すると

$$C_p = C_V + \left\{\left(\frac{\partial U}{\partial V}\right)_T + p\right\}\left(\frac{\partial V}{\partial T}\right)_p \tag{3.15}$$

となる。この式は，C_p と C_V の関係を与えるという意味で重要な式である。

さらにここで，**エンタルピー**とよばれる量を定義する。エンタルピー H は，

$$H = U + pV \tag{3.16}$$

で定義される量である。**図 3.5** の例で考えれば，(3.5) 式より

$$pV = pSh = mgh \quad (h:\text{ピストンの底面からの高さ}) \tag{3.17}$$

であるから，準静的過程で圧力一定のこの例では，エンタルピーとは，**「物体の内部エネルギーとピストンの位置エネルギーの和」**ということになる。このエンタルピー H を用いると，

$$C_p = \left(\frac{\partial H}{\partial T}\right)_p \tag{3.18}$$

と書けるので，式を簡素にするという意味で便利である（**例題 3-3** 参照）。

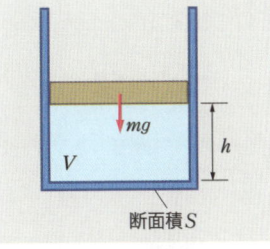

図 3.5　ピストンの高さ

例題3-1　内部エネルギーの増加

右図のように，ピストン付きシリンダー内に1 molの気体を封入し，ピストンを一定の力 F で水平方向に距離 x だけ移動させた。このとき，気体の内部エネルギーはどれだけ増加するか求めなさい。ただし，ピストン，シリンダーともに断熱材でつくられているものとする。

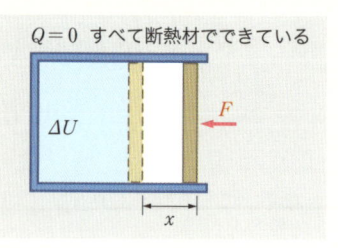

● 解答

断熱材でつくられているので，熱の吸収，放出はない。 ∴ $Q = 0$

熱力学の第1法則（(3.1)式）より，$\Delta U = Q + W = 0 + W$

ここで W は気体がされた仕事であるから，仕事の定義より

$W = Fx$ 　∴　$\Delta U = Fx$

例題3-2　自由膨張

断熱材で囲まれた2つの容器 A，B があり，この容器がコックつきの細管でつながれている。最初，A内は真空で，B内には1 molの理想気体が絶対温度 T_B で封入されている。コックを開けて，A，B内が平衡状態になったとき，気体全体の絶対温度 T はいくらか求めなさい。

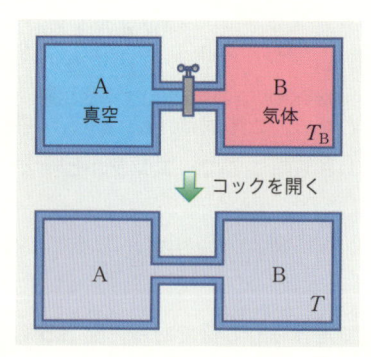

● 解答

自由膨張であるから，温度は不変である。$T = T_B$

[別解] 熱力学の第1法則を考えると，断熱材で囲まれているので $Q = 0$
また，A，B全体としてはなんら体積変化はないので $W = 0$
よって，$\Delta U = 0 + 0$ となり，内部エネルギーが不変である。

∴ $0 + C_V T_B = C_V T$ 　∴　$T = T_B$

（補足）理想気体では，定積変化を考えると，$Q = nC_V \Delta T$（C_V:1 mol, 1 K あたりの熱量）であるが，熱力学の第1法則より，$Q = \Delta U + 0$ となるので $\Delta U = nC_V \Delta T$ と書ける。すなわち内部エネルギーは $U = nC_V T$ で定義されることになる（(3.21)式参照）。

例題3-3　比熱とエンタルピー

定圧熱容量（1 mol あたりで考えると定圧モル比熱）を C_p とするとき，エンタルピー H と C_p の関係が以下の式で与えられることを示しなさい。〈(3.18) 式の証明問題〉

$$C_p = \left(\frac{\partial H}{\partial T}\right)_p$$

●解答

エンタルピー H は　$H = U + pV$

定圧変化であるから，$dH = dU + pdV = d'Q$

（∵熱力学の第1法則）

ここで C_p の定義より

$$C_p = \left(\frac{d'Q}{dT}\right)_p = \left(\frac{\partial U}{\partial T}\right)_p + p\left(\frac{\partial V}{\partial T}\right)_p = \left(\frac{\partial H}{\partial T}\right)_p$$

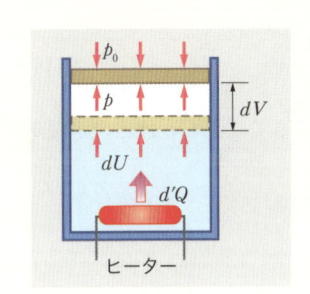

例題3-4　マイヤーの式

理想気体においては，内部エネルギーは絶対温度にしか依存しない。これを用いて，

$$C_p - C_V = R \quad (R：気体定数)$$

を示しなさい。なお，この式をマイヤーの式とよぶ。

●解答

定圧変化における熱力学の第1法則より

$$Q = \Delta U + p\Delta V$$

ここで，$Q = nC_p\Delta T$, $\Delta U = nC_V\Delta T$, $p\Delta V = nR\Delta T$　（n：モル数）

$$\therefore nC_p\Delta T = nC_V\Delta T + nR\Delta T \quad \therefore C_p = C_V + R \quad (3.2節 A 参照)$$

（補足）C_p は圧力一定のもとでの 1 mol, 1 K あたりの熱量なので，この C_p の定義より定圧変化では $Q = nC_p\Delta T$ となる。

3.2 理想気体と熱力学の第1法則

A C_p と C_V の関係

例題 3-4 では，C_p の式からマイヤーの式を導いたが，ここでは，熱力学の第1法則から考えてみる．もちろん結果は同じであるが，その過程を学習してほしい．簡単のため，1 mol の理想気体に対して話を進める．(3.8) 式より，

$$d'Q = dU + pdV$$

ここで，C_V はその定義から，(3.10) 式より，

$$C_V = \left(\frac{d'Q}{dT}\right)_V \tag{3.19}$$

である．ここで，定積変化では $dV = 0$ であり，さらに理想気体では，内部エネルギーは絶対温度 T にのみ依存するので，(3.8) 式は

$$C_V = \frac{dU}{dT} + 0 \tag{3.20}$$

となる．これを，(3.14) 式と比較すると，偏微分と微分の違いがあることがわかる．一般には内部エネルギーは体積と絶対温度に依存するが，理想気体では温度にのみ依存するのでこのような簡単な表記が得られる．この式を積分して，

$$U = C_V T \tag{3.21}$$

となるので，第 2 章で学んだ気体の分子運動論による内部エネルギーの (2.34) 式と比較すると

$$U = C_V T = \frac{3}{2}RT \tag{3.22}$$

となり，単原子分子の理想気体では，

$$C_V = \frac{3}{2}R \tag{3.23}$$

であることを導き出すことができる．エネルギー等配則を考えると，2 原子分子では，

$$U = C_V T = \frac{5}{2} RT \tag{3.24}$$

となり，

$$C_V = \frac{5}{2} R \tag{3.25}$$

であることがわかる。

次に，C_p について考える。定義より (3.9) 式を用いて

$$C_p = \left(\frac{d'Q}{dT}\right)_p \tag{3.26}$$

と書けるが，(3.8) 式を代入すると，

$$C_p = \frac{dU}{dT} + p\left(\frac{\partial V}{\partial T}\right)_p \tag{3.27}$$

これを，(3.13) 式と比較して考えると，絶対温度にのみ依存する内部エネルギーのために式が簡素になっていることがわかる。ここで，(3.20) 式を用いると，

$$C_p = C_V + p\left(\frac{\partial V}{\partial T}\right)_p \tag{3.28}$$

となる。さらに，1 mol の理想気体では，状態方程式

$$pV = RT \quad \therefore \quad V = \frac{1}{p} RT \tag{3.29}$$

が成立するので，(3.28) 式右辺の第 2 項は，

$$p\left(\frac{\partial V}{\partial T}\right)_p = R \tag{3.30}$$

となる。したがって，(3.28) 式は，

$$C_p = C_V + R \tag{3.31}$$

となり，**マイヤーの式**が成立することが示された。この式は，理想気体については必ず成立するので，これを用いて，単原子分子，2原子分子の C_p を計算すると，(3.23) 式，(3.24) 式をそれぞれ用いて

単原子分子： $C_p = \dfrac{3}{2}R + R = \dfrac{5}{2}R$ (3.32)

2原子分子： $C_p = \dfrac{5}{2}R + R = \dfrac{7}{2}R$ (3.33)

となることがわかる。

B 理想気体の断熱変化

理想気体が，図 3.6 のように平衡を保ちながら断熱変化（準静的断熱過程）をする場合について考えよう。以下のように式を誘導していくことによって，状態量 T, V, p の関係を求めることができる。

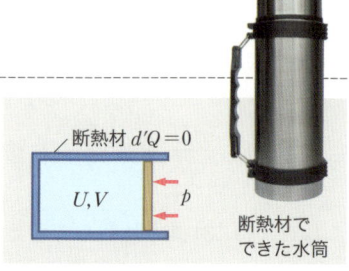

図 3.6 断熱変化

熱力学の第 1 法則，(3.8) 式

$$d'Q = dU + pdV$$

↓ 断熱変化なので $d'Q = 0$

$$0 = dU + pdV \tag{3.34}$$

↓ (3.20) 式 $dU = C_V dT$ を代入する

$$0 = C_V dT + pdV \tag{3.35}$$

↓ 状態方程式 $pV = RT$ より $p = \dfrac{RT}{V}$ を代入する

$$0 = C_V dT + \dfrac{RT}{V}dV \tag{3.36}$$

↓ 変数分離する

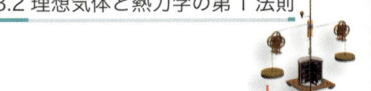

$$\frac{dT}{T} = -\frac{R}{C_V}\frac{dV}{V} \tag{3.37}$$

↓ 積分する

$$\log T = -\frac{R}{C_V}\log V + （積分定数） \tag{3.38}$$

↓ マイヤーの式 $R = C_p - C_V$ を代入する

$$\log T = -\frac{C_p - C_V}{C_V}\log V + （積分定数） \tag{3.39}$$

↓ 比熱比 $\gamma = \dfrac{C_p}{C_V}$ を導入する

$$\log T = -(\gamma - 1)\log V + （積分定数） \tag{3.40}$$

↓ 式変形する

$$TV^{\gamma-1} = 一定 \tag{3.41}$$

↓ ボイル・シャルルの法則 $\dfrac{pV}{T} = 一定$ より

$$pV \cdot V^{\gamma-1} = pV^{\gamma} = 一定 \tag{3.42}$$

以上のことから，準静的断熱変化では，(3.41) 式，(3.42) 式より，

$$TV^{\gamma-1} = 一定, \qquad pV^{\gamma} = 一定 \quad \left(\gamma = \frac{C_p}{C_V}\right)$$

が成立する。これを，**ポアソンの状態方程式**という。これを，p–V グラフで表すと，**図 3.7** のようになる。

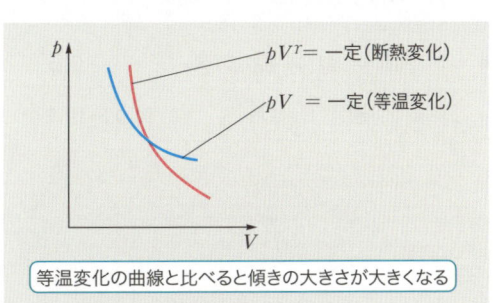

$pV^{\gamma} = 一定（断熱変化）$
$pV = 一定（等温変化）$

等温変化の曲線と比べると傾きの大きさが大きくなる

図 3.7　等温変化と断熱変化の p–V グラフ

例題3-5　断熱圧縮の温度上昇

比熱比 $\gamma = 1.4$，絶対温度 300 K（27℃）の気体を準静的に断熱圧縮し，体積を 0.1 倍にした。このとき，気体の絶対温度の温度上昇はいくらか求めなさい。ただし，$10^{0.4} \fallingdotseq 2.5$ として計算しなさい。

●解答

ポアソンの状態方程式（(3.41) 式）より

$$TV^{\gamma-1} = 一定$$

$$\therefore \ 300 \times V^{1.4-1} = T\left(\frac{V}{10}\right)^{1.4-1}$$

$$\therefore \ T = 10^{0.4} \times 300 = 750 \text{ K}$$

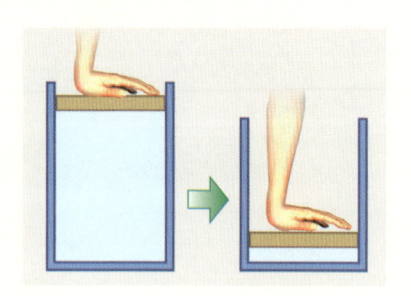

例題3-6　断熱変化の仕事

準静的断熱変化において，絶対温度が T_0 から T_1 まで変化したとき，気体がされた仕事 W が，

$$W = \frac{R}{\gamma - 1}(T_1 - T_0)$$

と表されることを熱力学の第1法則を用いて示しなさい。

●解答

$\gamma = \dfrac{C_p}{C_V}$ より，証明すべき式は，$W = \dfrac{C_V R}{C_p - C_V}(T_1 - T_0)$ となる。

さらに，マイヤーの式を用いると，$W = C_V(T_1 - T_0)$ を示せばよいことがわかる。

熱力学の第1法則より，$\Delta U = 0 + W$

$$\therefore \ W = \Delta U = C_V \Delta T = C_V(T_1 - T_0)$$

これより，題意は示された。　　（例題3-10 参照）

例題3-7　ポアソンの状態方程式

ポアソンの状態方程式は，

$$TV^{\gamma-1} = 一定, \quad pV^{\gamma} = 一定 \quad \left(\gamma = \frac{C_p}{C_V}\right)$$

で表される。この式を圧力 p と絶対温度 T で表しなさい。

● 解答

状態方程式より　　$pV = RT \quad \therefore \quad V = \dfrac{RT}{p}$

これをポアソンの式 $pV^{\gamma} = 一定$ に代入して V を消去すると

$$p\left(\frac{RT}{p}\right)^{\gamma} = 一定 \quad \therefore \quad p^{1-\gamma}T^{\gamma} = 一定 \quad \therefore \quad \frac{T^{\gamma}}{p^{\gamma-1}} = 一定$$

> ［考察］$\gamma - 1 > 0$ であるから，$p^{1-\gamma} \cdot T^{\gamma} = 一定$ と表記するよりは $\dfrac{T^{\gamma}}{p^{\gamma-1}} = 一定$
> のほうがよいであろう。また，$\dfrac{T}{p^{\frac{\gamma-1}{\gamma}}} = 一定$ という表記をするときもある。

例題3-8　ポアソンの式と復元力

断面積 S のピストン付きシリンダーに気体を封入し，ピストンに力を加えて x だけ左へ移動させたときの復元力を求めなさい。ただし，大気圧を p_0，最初のピストンの位置を図のように l とし，比熱比を γ とする。

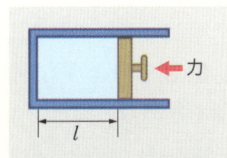

● 解答

ポアソンの式より，$p_0(Sl)^{\gamma} = p\{S(l-x)\}^{\gamma}$

$$\therefore \quad p = \left(\frac{l}{l-x}\right)^{\gamma} p_0 = \left(1 - \frac{x}{l}\right)^{-\gamma} p_0 \fallingdotseq \left(1 + \frac{\gamma x}{l}\right) p_0$$

これより，ピストンにかかる力は，

$$pS - p_0 S = \frac{\gamma p_0}{l} xS$$

3.3 熱サイクル

A 熱サイクルと仕事

ある熱平衡状態 $A(p_1, V_1, T_1)$ から出発し，さまざまな準静的変化をして，ふたたびはじめの熱平衡状態 A に戻るとき，この過程のことを**熱サイクル**という。蒸気機関などの熱機関は，繰り返し運動によって，熱源から仕事を取り出す機関であるから，この熱サイクルの考え方が重要となる。

圧力 p と体積 V グラフで任意の熱サイクルを考えると，図 3.8 のようになる。熱サイクルを 1 周すると，もとの状態に戻るのであるから，系の内部エネルギーは最初の状態と同じである。すなわち，1 サイクルでの吸収熱量を Q，気体がされた仕事を W とすると，熱力学の第 1 法則より，

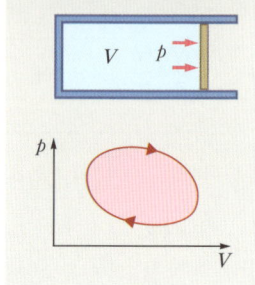

$$0 = Q + W \quad （または，Q = -W）\quad (3.43)$$

図 3.8 熱サイクル

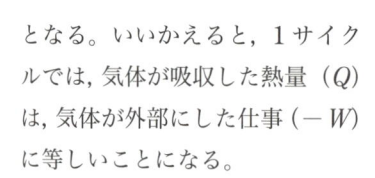

となる。いいかえると，1 サイクルでは，気体が吸収した熱量（Q）は，気体が外部にした仕事（$-W$）に等しいことになる。

図 3.9 のような簡単な例で議論を進める。図は，

- A → B：定積変化
- B → C：定圧変化
- C → D：定積変化
- D → A：定圧変化

を示し，A → B → C → D → A の 1 サイクルを示している。このとき，(3.43) 式より，

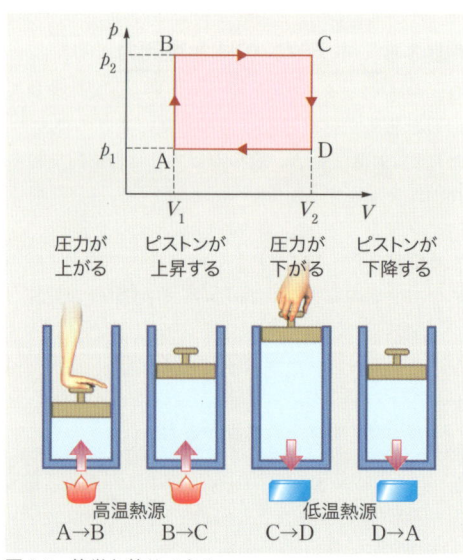

図 3.9 簡単な熱サイクル

$$0 = Q_{サイクル} + W_{サイクル} \tag{3.44}$$

となるが，まずこの $W_{サイクル}$ を求めよう．仕事の定義より，された仕事であることに注意して（F：気体がピストンを押す力，S：ピストンの断面積，として）

$$W = -\int F dx = -\int pS dx = -\int p dV \tag{3.45}$$

となるので，それぞれの過程を添え字で示すと，

$$W_{AB} = -\int p dV = 0 \tag{3.46}$$

$$W_{BC} = -\int p dV = -p_2(V_2 - V_1) \tag{3.47}$$

$$W_{CD} = -\int p dV = 0 \tag{3.48}$$

$$W_{DA} = -\int p dV = -p_1(V_1 - V_2) \tag{3.49}$$

以上より，

$$\begin{aligned} W_{サイクル} &= W_{AB} + W_{BC} + W_{CD} + W_{DA} \\ &= -p_2(V_2 - V_1) - p_1(V_1 - V_2) \\ &= -(p_2 - p_1)(V_2 - V_1) \end{aligned} \tag{3.50}$$

と書ける．これは，図 3.9 において，

$$W_{サイクル} = -（四角形 ABCD の面積） \tag{3.51}$$

を表している．すなわち，系が 1 サイクルの間にされた仕事は，−（四角形 ABCD の面積）であり，言い換えれば，1 サイクルに系がした仕事は，（四角形 ABCD の面積）であることがわかる．逆サイクルでは，この仕事の符号が逆転するので，まとめると図 3.10 のようになる．

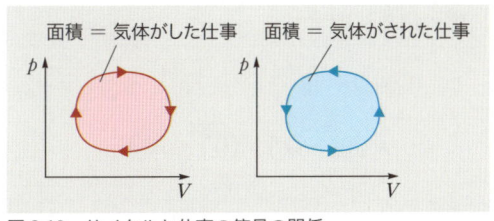

図 3.10 サイクルと仕事の符号の関係

B 熱効率

熱機関には，**熱効率**とよばれる概念がある。熱効率とは，簡単にいってしまえば，

> どの程度の熱量でどの程度の仕事をすることができるか

を表す量であり，実際の吸収熱量 Q（放出熱量は計算に入れない）に対して外部にした仕事 $-W$ の割合，すなわち，熱効率を η とすると，

$$\eta = \frac{-W}{Q} \tag{3.52}$$

で与えられる。

熱機関であるから，熱サイクルで話を進める。1 サイクルで，

> 全吸収熱量　　　　　　$Q_2 (>0)$
> 全放出熱量　　　　　　$Q_1 (>0)$
> 気体が外部にした仕事　　$W_2 (>0)$
> 気体が外部からされた仕事　$W_1 (>0)$

と仮定する。(3.52) 式より，

$$\eta = \frac{W_2 - W_1}{Q_2} \tag{3.53}$$

ここで，1 サイクルでは，内部エネルギーの変化量が 0 であることに注意して，熱力学の第 1 法則より，

$$\begin{aligned} 0 &= Q + W \\ &= (Q_2 - Q_1) + (W_1 - W_2) \end{aligned} \tag{3.54}$$

であるから，

$$W_2 - W_1 = Q_2 - Q_1 \tag{3.55}$$

となるので，(3.53) 式の熱効率は，次のように書ける。

$$\eta = \frac{Q_2 - Q_1}{Q_2} = 1 - \frac{Q_1}{Q_2} \tag{3.56}$$

C カルノーサイクル

　熱機関のうち，最も簡単で理想的なものとして，1 mol の理想気体による図 3.11 のようなサイクルを考える。このサイクルを，**カルノーサイクル**とよぶ。

　　状態 A →状態 B 　　等温変化（絶対温度 T_2）
　　状態 B →状態 C 　　断熱変化
　　状態 C →状態 D 　　等温変化（絶対温度 T_1）
　　状態 D →状態 A 　　断熱変化

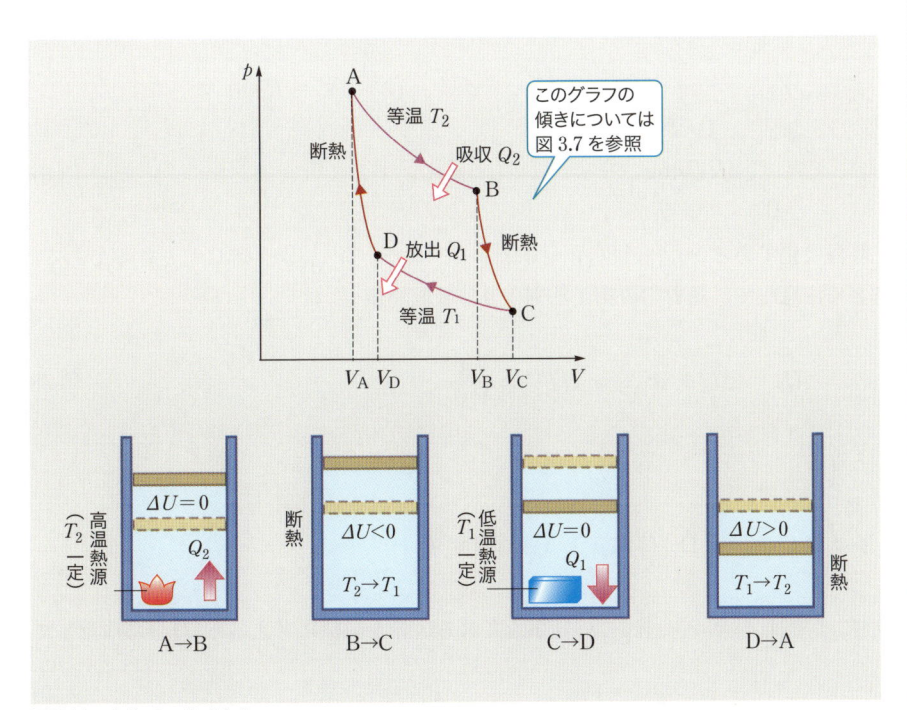

図 3.11　カルノーサイクル

ここでまず，熱量，内部エネルギー，仕事については，体積増加では気体が仕事をし，体積減少では気体が仕事をされること，等温変化では，内部エネルギーが変化しないことから，

状態 A →状態 B	Q_2 を吸収	$\Delta U = 0$	W_{AB} を外部にする
状態 B →状態 C	$Q = 0$	$\Delta U < 0$	W_{BC} を外部にする
状態 C →状態 D	Q_1 を放出	$\Delta U = 0$	W_{CD} を外部からされる
状態 D →状態 A	$Q = 0$	$\Delta U > 0$	W_{DA} を外部からされる

と表すことができる．それでは，等温変化の過程についてくわしく考えよう．

▶状態 A →状態 B　等温変化（絶対温度 T_2）

ここでは，外部に対して W_{AB} の仕事をする．この仕事は，(3.46) 式より符号に注意して次のように計算できる．

$$W_{AB} = \int_{A \to B} pS dx = \int \frac{RT_2}{V} dV \quad (\because \ pV = RT_2)$$
$$= RT_2 \log \frac{V_B}{V_A} \tag{3.57}$$

等温変化であるから，$\Delta U_{AB} = 0$ となり，また，W_{AB} が外部にした仕事であることに注意して，熱力学の第 1 法則より，吸収熱量 Q_2 は，

$$Q_2 = \Delta U + W_{AB} = RT_2 \log \frac{V_B}{V_A} \tag{3.58}$$

となる．

▶状態 C →状態 D　等温変化（絶対温度 T_1）

ここでは，外部から W_{CD} の仕事をされる．先と同様に考えると，符号に注意して，

$$W_{CD} = -RT_1 \log \frac{V_D}{V_C} = RT_1 \log \frac{V_C}{V_D} \tag{3.59}$$

したがって，放出熱量 Q_1 も，先と同様に次のように書ける．

$$Q_1 = RT_1 \log \frac{V_C}{V_D} \tag{3.60}$$

次に，断熱変化について考えよう．ポアソンの状態方程式（(3.41) 式）より，

状態 B →状態 C　　$T_2 V_B{}^{\gamma-1} = T_1 V_C{}^{\gamma-1}$ (3.61)

状態 D →状態 A　　$T_2 V_A{}^{\gamma-1} = T_1 V_D{}^{\gamma-1}$ (3.62)

が成立する．辺々を割れば，

$$\frac{V_B}{V_A} = \frac{V_C}{V_D} \quad \therefore \quad \log \frac{V_B}{V_A} = \log \frac{V_C}{V_D} \tag{3.63}$$

となるので，(3.58) 式，(3.60) 式より，

$$\frac{Q_2}{T_2} = \frac{Q_1}{T_1} \quad \therefore \quad Q_2 : Q_1 = T_2 : T_1 \tag{3.64}$$

が成立する．したがって，(3.56) 式より，このサイクルの熱効率は，

$$\eta = 1 - \frac{Q_1}{Q_2} = 1 - \frac{T_1}{T_2} \tag{3.65}$$

となることがわかる．

また，1 サイクルに対して熱力学の第 1 法則を適用すると，

$$Q_2 - Q_1 = W_{AB} + W_{BC} - W_{CD} - W_{DA} \; (= W \text{とおく}) \tag{3.66}$$

となる．すなわち，1 サイクルにおける全仕事 W は $Q_2 - Q_1$ に等しい．よって，(3.64) 式を用いると，この 1 サイクルでは，次式が成立する．

$$Q_2 : Q_1 : W = T_2 : T_1 : T_2 - T_1 \tag{3.67}$$

例題3-9　断熱膨張における仕事

1 mol の理想気体が，状態 A(p_1, V_1) から状態 B(p_2, V_2) まで断熱膨張した。比熱比を γ として，以下の問いに答えなさい。

(1) $p_1, V_1, p_2, V_2, \gamma$ の間に成立する式を書きなさい。

(2) この変化に対する p-V グラフを描き，この間に気体がした仕事を表す部分を斜線で示しなさい。

(3) 外部に対して気体がする仕事が，

$$W = \frac{1}{\gamma - 1}(p_1 V_1 - p_2 V_2)$$

と書けることを示しなさい。

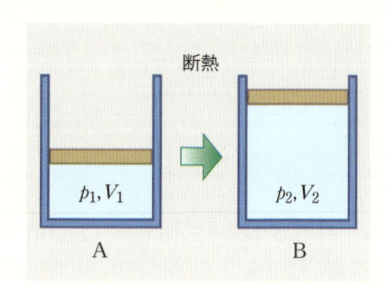

●解答

(1) ポアソンの状態方程式（(3.42) 式）より　$p_1 V_1^\gamma = p_2 V_2^\gamma$

(2)

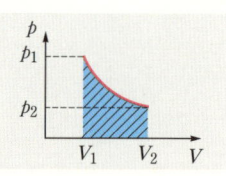

(3) 仕事の定義（(3.45) 式）より

$$W = \int p\,dV = \int \frac{p_1 V_1^\gamma}{V^\gamma} dV = p_1 V_1^\gamma \int V^{-\gamma} dV$$

$$= p_1 V_1^\gamma \frac{1}{-\gamma + 1}(V_2^{-\gamma + 1} - V_1^{-\gamma + 1})$$

$$= \frac{1}{1 - \gamma}(p_2 V_2 - p_1 V_1) = \frac{1}{\gamma - 1}(p_1 V_1 - p_2 V_2)$$

ここで，$p_1 V_1^\gamma = p_2 V_2^\gamma$ を用いた。よって，題意を示すことができた。

例題3-10 熱サイクルと熱効率

1 mol の単原子分子理想気体が，右図で表されるような熱サイクルで状態変化した。
(1) 各過程での吸収熱量を求めなさい。
(2) 各過程で気体が外部にした仕事を求めなさい。
(3) 熱効率 η を求めなさい。

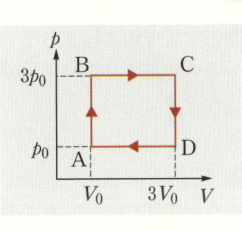

● 解答

単原子分子理想気体であるから，熱容量は，(3.23) 式，(3.32) 式より

$$C_V = \frac{3}{2}R, \qquad C_p = \frac{5}{2}R$$

(1) 各過程で吸収した熱量は，下記のようになる。

定積変化： $Q_{AB} = C_V \Delta T = \dfrac{C_V}{R}(3p_0 V_0 - p_0 V_0) = 3p_0 V_0$

定圧変化： $Q_{BC} = C_p \Delta T = \dfrac{C_p}{R}(3p_0 \times 3V_0 - 3p_0 \times V_0) = 15 p_0 V_0$

定積変化： $Q_{CD} = C_V \Delta T = \dfrac{C_V}{R}(p_0 \times 3V_0 - 3p_0 \times 3V_0) = -9 p_0 V_0$

定圧変化： $Q_{DA} = C_p \Delta T = \dfrac{C_p}{R}(p_0 V_0 - p_0 \times 3V_0) = -5 p_0 V_0$

(上式の ΔT は状態方程式 $pV = RT$ ∴ $T = \dfrac{pV}{R}$ より求めること)

(2) 各過程で気体が外部にした仕事は (3.6) 式より，下記のようになる。

$W_{AB} = 0, \qquad W_{BC} = 3p_0(3V_0 - V_0) = 6 p_0 V_0$

$W_{CD} = 0, \qquad W_{DA} = p_0(V_0 - 3V_0) = -2 p_0 V_0$

(3) 熱効率は (3.52) 式より，次のとおりである。

$$\eta = \frac{W_{AB} + W_{BC} + W_{CD} + W_{DA}}{Q_{AB} + Q_{BC}} = \frac{4 p_0 V_0}{18 p_0 V_0} = \frac{2}{9}$$

[補足] $Q_{AB} + Q_{BC} + Q_{CD} + Q_{DA} = W_{AB} + W_{BC} + W_{CD} + W_{DA} (= 4 p_0 V_0)$ が成立する。
$W_{AB} + W_{BC} + W_{CD} + W_{DA} =$ (四角形 ABCD の面積)

演習問題

3-1
断熱状態での単原子分子の封入気体を考える。体積を断熱的に急激に a^2 倍にしたとき，気体分子の運動の2乗根平均速度は速さの何倍になるか求めなさい。ただし，単原子分子では比熱比は 1.5 である。

3-2
ある物体を，等温のもとで体積を増加させることを考える。このとき，単位体積あたり物体が吸収する熱量 q が，

$$q = \frac{d'Q}{dV} = \frac{C_p - C_V}{\left(\dfrac{\partial V}{\partial T}\right)_p} = \frac{C_p - C_V}{\beta V}$$

と表されることを示しなさい。ただし β は体膨張率である。

3-3
(1)〜(3) の手順に従って，等温圧縮率 κ_1 と断熱圧縮率 κ_2 の間に以下の式が成立することを示しなさい。

$$\frac{\kappa_2}{\kappa_1} = \frac{C_V}{C_p}$$

(1) (3.15) 式を用いて，断熱変化では，

$$C_V dT + \frac{C_p - C_V}{\left(\dfrac{\partial V}{\partial T}\right)_p} dV = 0$$

となることを示しなさい。

(2) (1) の式が

$$C_p dV + C_V \left(\frac{\partial T}{\partial p}\right)_V \left(\frac{\partial V}{\partial T}\right)_p dp = 0$$

となることを導きなさい。

(3) 題意を証明しなさい。

3-4
1 mol の理想気体について考える。この理想気体を，$pV^k = A$（A：定数）の関係のもとで状態を変化させたとき，気体のした仕事 W と吸収熱量 Q はどのように表記できるか。それぞれ，k, 気体定数 R, C_V, および温度変化 ΔT のうち必要なものを用いて表しなさい。ただし，$1 < k < \gamma$ （$\gamma = C_p/C_V$）とする。

4. 熱力学の第2法則

SECOND LAW OF THERMODYNAMICS

蒸気機関

　18世紀にイギリスで産業革命をもたらした蒸気機関は，いかに効率よく熱エネルギーを仕事に変えるかという発明であったといえる。産業革命以来の開発努力により熱機関の効率はよくなっているが，本章で学ぶように，すべての熱エネルギーを無駄なく仕事に変えることはできない。

　本章では，まず可逆変化，不可逆変化について理解し，熱力学の第2法則を学ぶ。さらに，エントロピー，自由エネルギーなどの新しい概念について学ぶ。熱力学の第2法則は，我々の生活の中でもたびたび目にする現象で，当たり前であると考えてしまいがちであるが，そこには，エネルギーに関する重要な特性が含まれているのである。

4.1 熱力学の第2法則

A 可逆

ある系が，状態Aから状態Bに変化したとする。ここで，状態Aから出発して状態Bになり，ふたたび状態Aに戻す際に，他になんら影響を残さないで，この変化が可能であれば，この変化のことを**可逆**という。

理想的な純粋力学では，このような現象をいくつもみることができる。

図4.1のような空気抵抗が無視できる単振り子運動やレール上の物体の運動は，1周期ごとにもとの状態に戻ることが可能である。また，摩擦や空気抵抗がなければ，いつまでも同じ運動を繰り返すことが可能である。

(a) 単振り子運動
周期ごとにもとの状態にもどることが可能

(b) なめらかなレール上の運動
摩擦がなければ，永久に運動をくり返すことが可能

図4.1　可逆過程

B 不可逆

可逆に対して，可逆でないことを**不可逆**という。すなわち，状態Aから状態Bになったのち，どのような方法を用いても，外界に影響を与えずに，状態Bから状態Aに戻すことが不可能な場合をいう。たとえば，摩擦力が働く運動や，熱伝導などがそれにあたる。

粗い水平面をある運動エネルギーをもって運動している物体を考える（図4.2(a)）。この物体には，進行方向と逆向きに動摩擦力が働くために減速し，やがて静止する。これは，最初にもっていた運動エネルギー

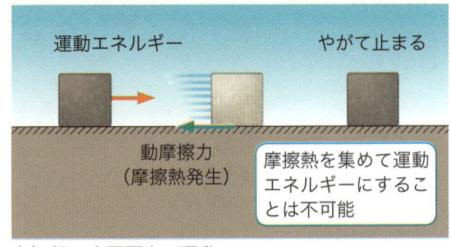

(a) 粗い水平面上の運動
運動エネルギー／動摩擦力（摩擦熱発生）／やがて止まる／摩擦熱を集めて運動エネルギーにすることは不可能

(b) ホットコーヒーに氷を入れる
氷／ホットコーヒー／アイスコーヒー／アイスコーヒーからホットコーヒーと氷を作り出すことは不可能

図4.2　不可逆過程

が，動摩擦力によって摩擦熱に変換されてしまったからである。

しかし，だからといって，摩擦によって発生した熱を物体が吸収して，ふたたび運動エネルギーを物体がもつことは不可能である。

また，たとえばホットコーヒーの中に氷を入れて，氷をとかすことによって，コーヒーを冷たくすることはできる（図 4.2(b)）。これは，高熱源であるコーヒーから，低熱源である氷に熱が伝わり，コーヒーの温度が下がったのである。これと逆の現象は絶対に起こらないことは明らかである。

このように，熱現象では，不可逆変化が多くみられる。先に示した，仕事の熱エネルギーへの変換，高温物体から低温物体への熱伝導，また，自由膨張，爆発現象などが例としてあげられる。

C 熱力学の第 2 法則

熱力学の第 1 法則がエネルギー保存則（仕事とエネルギーの関係式）を表しているのに対して，第 2 法則は，上記で述べた不可逆変化と密接な関係がある。簡単にいってしまえば，

熱機関の例（エアコン）

> 熱は高熱源から低熱源に移動し，この逆の移動は勝手に起こらない

というごく当たり前のことである。「勝手に」という表現は，正確にいえば，「他に変化を残さずに」ということである。これには，さまざまな表現方法があるが，結論としては同じ内容になる。以下で，いくつかの表現方法についてくわしくみていこう。

① クラウジウスの原理

> 熱サイクルを行って，他に変化を残さないで，低温物体から熱を受け取り，高温物体にこれを与えることは不可能である。

この表現は，経験的に非常にわかりやすい言い方である。先のコーヒーの例はまさにこれである。ということは，

> 高熱源から熱を受け取り，低熱源にこれを与えるとき，他に何も変化を残さない過程は，不可逆過程である

ということができる。これを模式的な図で表すと，図 4.3 のようになる。

高熱源から熱 Q_2 を受け取り，熱機関サイクル C を経て，低熱源に熱 Q_1 を供給する様子を示したものである。他になんら変化を残さないということになれば，当然，熱力学の第 1 法則より，

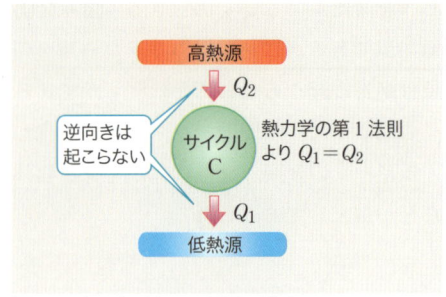

$$Q_2 = Q_1 \qquad (4.1)$$

図 4.3 クラウジウスの原理の説明

が成立する。この逆の変化は，クラウジウスの原理に反するので，この変化は不可逆である。図 4.3 に示した図において，たとえば，先のコーヒーの例では，サイクル C が何もしないということであり，高熱源と低熱源が直接接触したものと考えられる。

② トムソンの原理

> 一定の温度に保たれている熱源から熱を取り出し，この熱量をすべて，外部への仕事として使うような熱サイクルは存在しない。

先と同様に，模式図（図 4.4）で考える。トムソンの原理が成立しないサイクル，すなわち，高熱源から熱 Q_2 を受け取り，サイクル C ですべて仕事 W に変換するサイクルを仮定する。

さらに，この仕事を用いて，サイクル C′ で，低熱源から熱 Q'_1 を受け取り，高熱源に Q'_2 を移動させることを考える。熱力学の第 1 法則を考えると

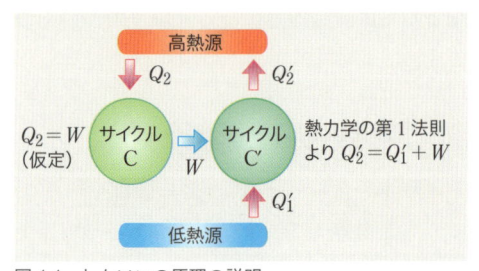

図 4.4 トムソンの原理の説明

4.1 熱力学の第2法則

$$\text{サイクル C}: Q_2 = W \tag{4.2}$$

$$\text{サイクル C}': Q_2' = Q_1' + W \tag{4.3}$$

は明らかである。したがって，高熱源が受け取った熱は，図より，

$$\begin{aligned}
Q_2' - Q_2 &= (Q_1' + W) - Q_2 \quad (\because (4.3)\text{式})\\
&= (Q_1' + Q_2) - Q_2 \quad (\because (4.2)\text{式})\\
&= Q_1' \tag{4.4}
\end{aligned}$$

となる。これは，低熱源が，何の変化も残さないで高熱源に熱量を与えたことになり，クラウジウスの原理に反する。よって，このようなサイクルは存在せず，トムソンの原理は正しいということになる。以上のように，トムソンの原理はクラウジウスの原理から導くことができるものであり，またその逆も可能な原理である（**例題 4-5** 参照）。

ここで，「他に何の変化も残さずに」という表現について説明を補足する。

前章で学んだカルノーサイクルは，1サイクルの間に，熱を仕事に変換することのできる熱機関である。しかし，このサイクルでは，高熱源は熱を失い，低熱源は熱を受け取るという変化がある。また，冷蔵庫などは，低熱源から高熱源に熱を移動させているが，このとき，コンプレッサー（簡単にいえばモーター）が，仕事をしており，この仕事をしたという変化が残っている。すなわち，熱を仕事に変えることや，低熱源から高熱源に熱を移動させることは可能であるが，必ず他に変化を残してしまうということである。

熱機関の例
（冷蔵庫）

このほかにも，熱力学の第2法則の別の表現がある。先の2つと合わせてまとめておこう。

① クラウジウスの原理	低熱源から高熱源への熱の移動は不可能である*。
② トムソンの原理	熱をすべて仕事に変えることは不可能である*。
③ プランクの原理	摩擦により熱が発生する現象は不可逆である。
④ オストワルドの原理	第2種永久機関は存在しない*。

＊①，②は正確には，「他に何の変化も残さずに」が必要。④の第2種永久機関については p.64 のコラムを参照のこと。

4 熱力学の第 2 法則

D 熱効率

熱効率については前章で学んだ通りである。すなわち，1 サイクルに対して

$$\eta = \frac{全仕事}{系が吸収した熱量} \quad (4.5)$$

で定義される。ここで，以下の熱機関を用いて，この熱効率に対して，より深く考察し，

熱機関の例（バイクのエンジン）

> カルノーサイクルより効率のよい熱機関はあり得ない

ということを示す。これは，カルノーサイクルは理想的な熱機関であることを示唆するものであると同時に，熱力学においては非常に重要な概念である。

図 4.5 のような場合を考える。

・熱機関 C

$$\left.\begin{array}{l}\text{高熱源から熱 } Q_2 \text{ を取り出す}\\ W \text{の仕事を C}' \text{ に対して行う}\\ \text{低熱源に熱 } Q_1 \text{ を与える}\end{array}\right\} W = Q_2 - Q_1$$

・逆カルノーサイクル C′

$$\left.\begin{array}{l}\text{低熱源から熱 } Q_1' \text{ を取り出す}\\ \text{C から仕事 } W \text{ をされる}\\ \text{高熱源に熱 } Q_2' \text{ を与える}\end{array}\right\} Q_2' = Q_1' + W$$

ここで，C，C′ を 1 つの熱機関と考えると，図 4.6 のようになる。

・熱機関 CC′

$$\left.\begin{array}{l}\text{高熱源から } Q_2 - Q_2' \text{ を取り出す}\\ \text{低熱源に } Q_1 - Q_1' \text{ を与える}\end{array}\right\} Q_1 - Q_1' = Q_2 - Q_2'$$

ここで，あらためて，$Q_1 - Q_1' = Q_2 - Q_2' = Q$ とおくと，Q の正，0，負で以下のように場合分けができる。

4.1 熱力学の第2法則

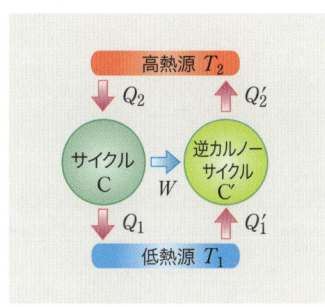

図 4.5 熱機関と逆カルノーサイクル

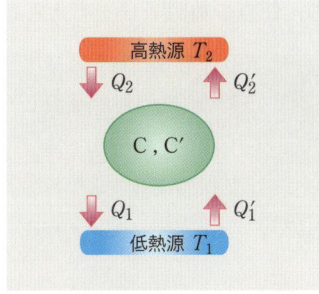

図 4.6 熱機関と逆カルノーサイクルを1つの熱機関と考える

---

① $Q>0$ のとき　　自然に起きる現象で熱機関 CC′ による変化は不可逆変化。
　　　　　　　　　C′ は逆カルノーサイクルで可逆なので，C は不可逆。
② $Q=0$ のとき　　最初の状態に戻ることになるので CC′ は可逆。
　　　　　　　　　よって，この場合，C も可逆。
③ $Q<0$ のとき　　低熱源から高熱源に何も変化を残さずに熱が移動したことになる。クラウジウスの原理よりあり得ない。

さて，以上のように考えると，場合①，②について熱効率を考えればよいことになる。図 4.5 にもどって，熱効率の定義（(4.5) 式）から，

$$C\ :\ \eta_{\text{熱機関C}} = \frac{Q_2 - Q_1}{Q_2} \tag{4.6}$$

$$C'（順過程）:\ \eta_{\text{カルノー}} = \frac{Q_2' - Q_1'}{Q_2'} \tag{4.7}$$

ここで，Q の定義から，$Q_2 - Q_1 = Q_2' - Q_1'$ である（仕事 W は共通）。これより，(4.6) 式と (4.7) 式の分子は同じであるから，

① $Q>0$ のとき　　$Q_2 > Q_2'$　　∴ $\eta_{\text{熱機関C}} < \eta_{\text{カルノー}}$ \hfill (4.8)

② $Q=0$ のとき　　$Q_2 = Q_2'$　　∴ $\eta_{\text{熱機関C}} = \eta_{\text{カルノー}}$ \hfill (4.9)

すなわち，任意の熱機関 C を考えたとき，

① 不可逆のとき　　$\eta_{熱機関C} < \eta_{カルノー} = \dfrac{T_2 - T_1}{T_2}$ 　　　　(4.10)

② 可逆のとき　　　$\eta_{熱機関C} = \eta_{カルノー} = \dfrac{T_2 - T_1}{T_2}$ 　　　　(4.11)

となる（(3.67)式参照）。この2つの場合しか存在しないので，カルノーサイクルの熱効率に勝る熱機関は存在しないことになる。

永久機関　COLUMN★

もし，永遠に何の代償もなしに仕事をする装置があったなら，地球上のエネルギー問題，環境問題，もしかしたら経済問題まですべて解決するかもしれない。

はたしてそのような装置はつくれるのだろうか。実際に，古代ギリシャ時代からこの装置の開発に心血を注いだ科学者が何人もいるのである。このような夢の装置を**永久機関**という。

永久機関には2種類ある。1つは，外部に仕事をし続け，このときなんらエネルギーを供給する必要のない装置である。このような装置を**第1種永久機関**とよぶが，熱力学の第1法則（エネルギー保存則）を考えると，こんな装置は実現不可能であることが容易にわかる。2つ目は，1つの熱源から熱量を吸収し，他に何の変化も残さずに，熱を仕事に変える装置である。これを，**第2種永久機関**とよぶ。これは，エネルギー保存則は満たしているが，熱力学の第2法則（たとえば，トムソンの原理）を考えれば，やはり不可能であることは明らかである。結局，この夢の装置は，本当に**「夢」**であって，実現不可能なことなのである。

残念ながら，この熱力学の第1法則，第2法則が確立される前には，永久機関を研究し続けて，破産し自殺した科学者や，無駄な時間を費やし続けた有能な科学者が多くいた。しかし，これらの重要な法則は，このような多くの科学者の犠牲のもとにできあがったといえる。我々が学問を学ぶときには，過去の偉人達の成功した部分を学んでいるだけである。しかし，「失敗は成功のもと」であり，多くの失敗から，やがて真実がみえることもある。錬金術への取り組みによって化学が発展したのと同様，永久機関の研究が現在の熱機関の基礎になっているといっても過言ではないのである。

例題4-1　熱効率の計算

低熱源を0℃の氷，高熱源を100℃の沸騰水とした熱源の間で働く可逆機関の熱効率 η を求めなさい。

● 解答

$$\eta = \frac{T_2 - T_1}{T_2}$$

ここで，$T_2 = 273 + 100 = 373\ \text{K}$，$T_1 = 273 + 0 = 273\ \text{K}$

$$\therefore\ \eta = \frac{373 - 273}{373} = \frac{100}{373} = 0.268$$

$$\therefore\ 26.8\ \%$$

例題4-2　高熱源と低熱源の温度

与えた熱量の20％を仕事に変換することのできる可逆機関がある。この熱機関の低熱源の温度を70K だけ下げたとき，その効率が2倍になったとする。以下の問いに答えなさい。

(1) 低熱源の温度を70K 下げる前と後のそれぞれの熱効率を η，η' とする。最初の高，低熱源の温度をそれぞれ T_2，T_1 とするとき，η，η' を T_2，T_1 を用いて表しなさい。

(2) 題意より η，η' を求めなさい。

(3) (1)，(2) より T_2，T_1 を求めなさい。

● 解答

(1) $\eta = \dfrac{T_2 - T_1}{T_2}$，　　$\eta' = \dfrac{T_2 - (T_1 - 70)}{T_2} = \dfrac{T_2 - T_1 + 70}{T_2}$

(2) $\eta = \dfrac{20}{100} = 0.2$，　　$\eta' = 0.2 \times 2 = 0.4$

(3) (1), (2) より，

$$0.2 = \frac{T_2 - T_1}{T_2},\quad 0.4 = \frac{T_2 - T_1 + 70}{T_2}$$

$$\therefore\ T_2 = 350\,\text{K},\quad T_1 = 280\,\text{K}$$

例題 4-3　可逆機関の熱効率

冷却器の温度が，240 K で，熱効率が 20 % のカルノーサイクルがある。このサイクルの熱効率を 40 % にするためには，高熱源の温度をどれだけ上昇させればよいか求めなさい。

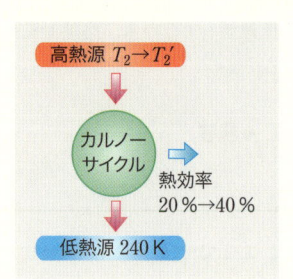

●解答

カルノーサイクルの熱効率 (3.65) 式より，

　　もとのサイクル：$\eta = \dfrac{T_2 - 240}{T_2} = 0.20$

　　高効率のサイクル：$\eta' = \dfrac{T_2' - 240}{T_2'} = 0.40$

2式より　$T_2 = 300\,\text{K}$　$T_2' = 400\,\text{K}$　∴　$T_2' - T_2 = 100\,\text{K}$

例題 4-4　冷蔵庫の原理

ある熱機関は，カルノーサイクルの 1 サイクル間に，低熱源から熱 Q を受け取り，高熱源に熱 Q' を与えている。これに必要な外部からの仕事を W とする。
(1)　Q，Q'，W の間に成立する式を書きなさい。
(2)　熱効率を η とする。Q' を Q と η のみを用いて表しなさい。
(3)　低熱源の温度を T_1，高熱源の温度を T_2 とするとき，W を T_1，T_2，Q のみを用いて表しなさい。

●解答

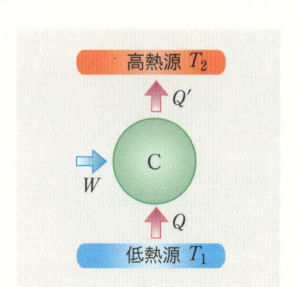

(1)　熱力学の第 1 法則に従い，右図より　$Q' = Q + W$

(2)　熱効率は　$\eta = \dfrac{W}{Q'}$　∴　$W = \eta Q'$

　　　(1) より　$Q' = Q + \eta Q'$　∴　$Q' = \dfrac{Q}{1-\eta}$

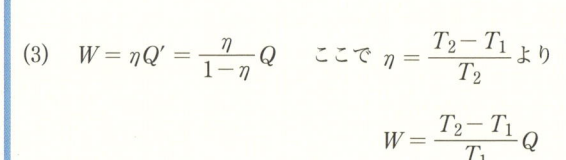

(3)　$W = \eta Q' = \dfrac{\eta}{1-\eta} Q$　ここで　$\eta = \dfrac{T_2 - T_1}{T_2}$　より

$$W = \dfrac{T_2 - T_1}{T_1} Q$$

例題 4-5　熱力学の第 2 法則

クラウジウスの原理が成立しない装置が存在すると仮定し，これが，トムソンの原理に反することを示しなさい。

● 解答

クラウジウスの原理が成り立たない熱機関を C とおく。この熱機関 C は，

> 低熱源から熱量 Q を吸収し，他に何の変化も残さず，高熱源に与える

装置である。いま，この機関に，高熱源から Q' を受け取り $Q'-Q$ の仕事を外部に対して行い，低熱源に Q を与える熱機関 C′ を付加すると，全体として，

> 高熱源から $Q'-Q$ を受け取り，他に何の変化も与えず，これを全部仕事に変える

装置となる。これは，トムソンの原理に反している。

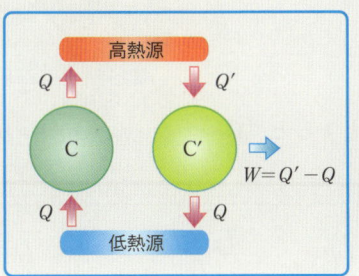

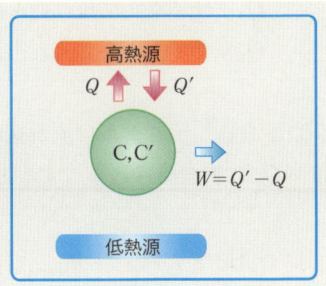

4.2 エントロピー

A クラウジウスの式

まず，前節の (4.6) 式〜(4.11) 式で学んだことを一般化して整理する。

① 不可逆サイクル

$$\eta_{熱機関C} = \frac{Q_2 - Q_1}{Q_2} < \eta_{カルノー} = \frac{T_2 - T_1}{T_2} \quad (4.12)$$

② 可逆サイクル

$$\eta_{熱機関C} = \frac{Q_2 - Q_1}{Q_2} = \eta_{カルノー} = \frac{T_2 - T_1}{T_2} \quad (4.13)$$

Q_2：サイクルに流れ込んだ熱量，
Q_1：サイクルから流れ出た熱量

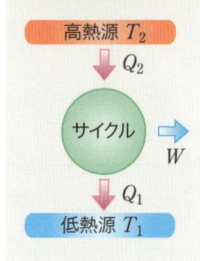

図 4.7 熱源とサイクル

さてここで，サイクルに流れ込む熱量を正とすると，Q_1 は $-Q_1$ に書き直される。すると，上式は，

① 不可逆サイクル $\quad \eta_{熱機関C} = \dfrac{Q_2 + Q_1}{Q_2} < \eta_{カルノー} = \dfrac{T_2 - T_1}{T_2} \quad (4.14)$

② 可逆サイクル $\quad \eta_{熱機関C} = \dfrac{Q_2 + Q_1}{Q_2} = \eta_{カルノー} = \dfrac{T_2 - T_1}{T_2} \quad (4.15)$

となる。この式を整理すると，

① 不可逆サイクル $\quad \dfrac{Q_1}{T_1} + \dfrac{Q_2}{T_2} < 0 \quad (4.16)$

② 可逆サイクル $\quad \dfrac{Q_1}{T_1} + \dfrac{Q_2}{T_2} = 0 \quad (4.17)$

これをまとめると，

4.2 エントロピー

サイクル $\quad\dfrac{Q_1}{T_1}+\dfrac{Q_2}{T_2}\leq 0 \hfill (4.18)$

となり，この式を**クラウジウスの式（不等式）**という。多くの熱源がある場合も同様に考えることができる（**図4.8**）。すなわち，熱源それぞれの絶対温度 $T_1, T_2, \cdots, T_n$ から，それぞれ熱量 $Q_1, Q_2, \cdots, Q_n$ を受け取ったと考えると，(4.18) 式と同様に，

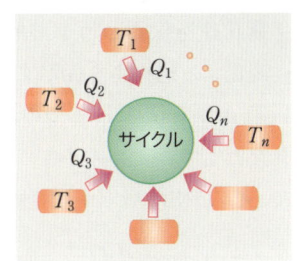

$$\dfrac{Q_1}{T_1}+\dfrac{Q_2}{T_2}+\cdots+\dfrac{Q_n}{T_n}\leq 0 \qquad (4.19)$$

図 4.8　多くの熱源とサイクル

すなわち，

$$\sum_i \dfrac{Q_i}{T_i} \leq 0 \qquad (4.20)$$

が成立する。これを積分の形で表すと，

$$\int \dfrac{d'Q}{T} \leq 0 \qquad (\ =\ :\text{可逆},\ <\ :\text{不可逆}) \qquad (4.21)$$

と書ける。これをクラウジウスの式（不等式）ということもある。この式の積分の意味を等号の場合で考えると，以下のようになる。

図4.9のように，ある準静的サイクルを多数のカルノーサイクルに分割することを考える。すべてのサイクルの和を考えると，準静的サイクルの外周のみ残り，結局は，ある状態から出発して，またもとの状態に戻るまでの積分を意味していることがわかる。

このクラウジウスの式は何を意味するのか，またその重要性については，次項で解説する。

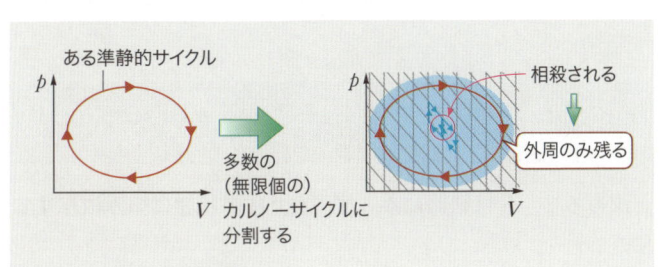

図 4.9　クラウジウスの積分

B エントロピーの定義

図4.10のようにある1つの系が，状態Aから平衡状態を保ちつつ準静的に経路Iを経て状態Bへ変化する過程Iを仮定する。また，これと同様に，状態Aから状態Bまでの，経路Iとは異なる経路IIを仮定する。このとき，可逆過程を考えているので，熱の放出，吸収が逆経路では反転することから，

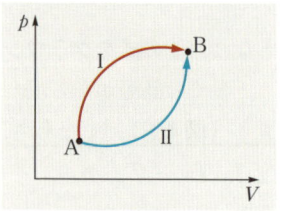

図4.10 異なる経路

$$\int_{A \to B(II)} \frac{d'Q}{T} = -\int_{B \to A(II)} \frac{d'Q}{T} \tag{4.22}$$

となる。ここで，A $\xrightarrow{I}$ B $\xrightarrow{II}$ A のサイクルを考える。可逆サイクルであるから，前項Aのクラウジウスの式より，

$$\int_{A \to B(I)} \frac{d'Q}{T} + \int_{B \to A(II)} \frac{d'Q}{T} = 0 \tag{4.23}$$

(4.22)式を用いると，(4.23)式は，

$$\int_{A \to B(I)} \frac{d'Q}{T} - \int_{A \to B(II)} \frac{d'Q}{T} = 0 \tag{4.24}$$

となり，これより

$$\int_{A \to B(I)} \frac{d'Q}{T} = \int_{A \to B(II)} \frac{d'Q}{T} \tag{4.25}$$

が成立し，A $\longrightarrow$ B の過程で，経路に関係なく上式が成り立つことがわかる。すなわち，

$$S = \int_{A \to B} \frac{d'Q}{T} \tag{4.26}$$

と決めると，S は経路によらず，A，Bの状態にのみ依存することがわかる。このSのことを，

4.2 エントロピー

> 状態 A を基準にした状態 B の**エントロピー**

とよぶ。

C エントロピーと第 1 法則

状態が近接している 2 つの状態 B と状態 B′ を考える（**図 4.11**）。エントロピーは経路によらないので，状態 A を基準にした状態 B のエントロピーを $S(\mathrm{B})$，状態 A を基準にした状態 B′ のエントロピーを $S(\mathrm{B'})$ とすると，それぞれ，

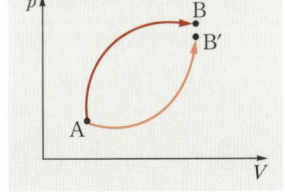

$$S(\mathrm{B}) = \int_{\mathrm{A} \to \mathrm{B}} \frac{d'Q}{T} \tag{4.27}$$

$$S(\mathrm{B'}) = \int_{\mathrm{A} \to \mathrm{B'}} \frac{d'Q}{T} \tag{4.28}$$

図 4.11　近接する 2 つの状態

ここで，(4.28) 式を書き換えると，

$$S(\mathrm{B'}) = \int_{\mathrm{A} \to \mathrm{B}} \frac{d'Q}{T} + \int_{\mathrm{B} \to \mathrm{B'}} \frac{d'Q}{T} \tag{4.29}$$

$$= S(\mathrm{B}) + \int_{\mathrm{B} \to \mathrm{B'}} \frac{d'Q}{T} \quad (\because (4.27)\text{式}) \tag{4.30}$$

となり，

$$S(\mathrm{B'}) - S(\mathrm{B}) = \int_{\mathrm{B} \to \mathrm{B'}} \frac{d'Q}{T} \tag{4.31}$$

が成立する。状態 B と状態 B′ が近接している場合には，(4.31) 式は，

$$dS = \frac{d'Q}{T} \quad \therefore \quad d'Q = TdS \tag{4.32}$$

と書ける。ここで，熱力学の第 1 法則より ((3.8) 式参照)，

$$d'Q = dU + pdV \tag{4.33}$$

であるから，(4.32) 式より

$$TdS = dU + pdV \tag{4.34}$$

が成立する．この式は，熱力学の第1法則，第2法則の両方を含んだ非常に重要な式である．この式を理想気体に適用すると以下のようになる．

理想気体では，内部エネルギーは，絶対温度 T にのみ依存し，1 mol で考えると，定積熱容量 C_V は，

$$C_V = \frac{dU}{dT} \quad \therefore \quad dU = C_V dT \tag{4.35}$$

となる（(3.20) 式参照）．また，状態方程式より，

$$pV = RT \quad \therefore \quad p = \frac{RT}{V} \tag{4.36}$$

この2式を，(4.34) 式に代入すると

$$TdS = C_V dT + RT\frac{dV}{V}$$

$$\therefore \quad dS = C_V \frac{dT}{T} + R\frac{dV}{V} \tag{4.37}$$

となる．積分すると，

$$S = C_V \log\frac{T}{T_0} + R\log\frac{V}{V_0} + S_0 \tag{4.38}$$

と書ける．ここで，式中の S_0 は $T = T_0, V = V_0$ のときのエントロピーの値である．

たとえば，温度一定のもとで，体積を増加させる場合を考えてみる．(4.38) 式で，状態 $A(T_0, V_0)$ から状態 $B(T_0, V_1)$ に変化したと仮定すると

$$S(B) - S(A) = R\log\frac{V_1}{V_0} \tag{4.39}$$

となる．ここで，体積増加であるから $V_1 > V_0$ となるので，$S(B) - S(A) > 0$ で，エントロピーが増大していることになる．

4.2 エントロピー

D エントロピー増大の原理

(4.23) 式において，経路 I が不可逆過程で，経路 II を可逆過程と考えると，クラウジウスの式より，

$$\int_{\substack{A \to B(I) \\ 不可逆}} \frac{d'Q}{T} + \int_{\substack{B \to A(II) \\ 可逆}} \frac{d'Q}{T} < 0 \tag{4.40}$$

となる。ここで，可逆過程（経路 II）では，エントロピーの計算ができ，(4.40) 式の第 2 項は，

$$\int_{\substack{B \to A(II) \\ 可逆}} \frac{d'Q}{T} = S(A) - S(B) \tag{4.41}$$

と表記できるので，(4.40) 式より，

$$\int_{\substack{A \to B(I) \\ 不可逆}} \frac{d'Q}{T} < S(B) - S(A) \tag{4.42}$$

となる。この式は，

> 状態 A から状態 B への不可逆変化に伴うエントロピー増加量 $S(B) - S(A)$ は，$\int \frac{d'Q}{T}$ より大きい

ということを示している。たとえば，断熱不可逆変化では，$d'Q = 0$ であるので $S(B) > S(A)$ となり，エントロピーが増大することがわかる。

以上のように考えると，クラウジウスの式から，一般に，

$$\int_{A \to B(I)} \frac{d'Q}{T} \leq S(B) - S(A) \tag{4.43}$$

である。ここで，系が断熱的であれば，$d'Q = 0$ であるから $S(B) - S(A) \geq 0$ となる。同様に考えれば，近接する 2 つの状態間でも，断熱変化であれば，$S(B') - S(B) \geq 0$ が成立し，微小変化に対しては，$dS \geq 0$ となる。すなわち，系に対して不可逆変化が起こったとき，断熱系では，エントロピーが増大することがわかる。これを，**エントロピー増大の原理**という。

4 熱力学の第2法則

●熱力学的温度

　図のような機関を考えてみよう。θ は経験温度（1.1節 **A** 参照）で，$\theta_2 > \theta_1 > \theta_0$ であり，熱機関 C_{12}，C_{01} はカルノーサイクルで可逆機関である。カルノーサイクルの熱効率は，高熱源，低熱源の温度だけで決まることはすでに学習した（(3.65)式）。言い換えれば，高熱源から放出されると低熱源が吸収する熱量比は，両熱源の温度で決まることになる。すなわち，サイクルの種類によらず，関数 f を用いて，

$$\frac{Q_2}{Q_1} = f(\theta_2, \theta_1), \qquad \frac{Q_1}{Q_0} = f(\theta_1, \theta_0)$$

と書けるので，2式の積より

$$\frac{Q_2}{Q_0} = f(\theta_2, \theta_1) \cdot f(\theta_1, \theta_0)$$

となる。しかし，この2つの熱機関を1つの熱機関と考えると，

$$\frac{Q_2}{Q_0} = f(\theta_2, \theta_0)$$

となる。よって

$$f(\theta_2, \theta_1) \cdot f(\theta_1, \theta_0) = f(\theta_2, \theta_0)$$

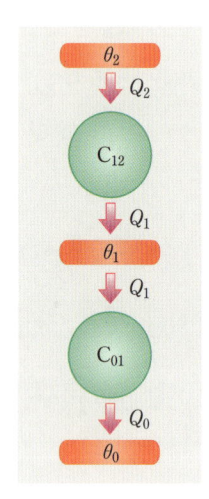

$$\therefore \ f(\theta_2, \theta_1) = \frac{g(\theta_2)}{g(\theta_1)} \quad (\theta_0 \text{ は含んではならない})$$

と書ける。ここで，g は温度の関数として新たに導入したものである。これを最初の式と比較すると，

$$\frac{Q_2}{Q_1} = \frac{g(\theta_2)}{g(\theta_1)}$$

ここで，ケルビンは，温度の新たな目盛りとして，

$$\frac{Q_2}{Q_1} = \frac{T_2}{T_1}$$

とした。この温度のことを，**熱力学的絶対温度**という。

　経験温度は，たとえば水を基準として，0℃，100℃と決めるが，水銀などを温度計として用いると，用いる物質によってズレが生じるという欠点をもっている。しかし，カルノーサークルをもとに作られた温度の目盛りは，この欠点を取り除くことができるのである。

エントロピーとは　　　　　　　　　　COLUMN ★

　本文において，可逆，不可逆の場合について数式で述べてきたが，ここではエントロピーとはそもそもどのようにとらえておけばよいかを考えてみよう。$dS>0$ の式を考えると，エントロピー増大の原理は容易に想像できるが，エントロピーが増大するということは何を表しているのだろうか。これを理解するためには，エネルギーとエントロピーの関係で理解するのが容易であろう。たとえば，自由膨張を考えてみよう（例題3-2参照）。

　自由膨張では，熱力学の第1法則から考えて，当然，エネルギーは変化しない。しかし，変化の前後では明らかに違いがある。1つの容器に閉じこめられていた気体が，もう一方の真空の空間にばらまかれたのである。外部から何も操作をしないかぎり，自然にもとの状態に戻ることはできない。よって，これは不可逆変化であり，エネルギーは変化しないが，エントロピーは増加したことになる。この現象を考えると，ある状態の気体が，真空内にばらまかれたことで，この変化は乱雑さが増加した，またはより無秩序になったと考えることができる。エントロピーは，分子論における乱雑さ，無秩序さを示す量であると考えられる。

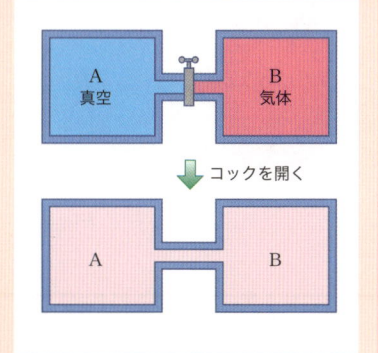

　私事ではあるが，本の原稿締め切りが迫ってくると，最初のうちは整理されていた書棚や机の上の乱雑さが増加し，日増しに無秩序状態となっていく。すると，仕事の能率も下がり，はかどらなくなる（エントロピー増大）。そこで，外部から何らかの作用を与えることで（早い話が，自分で片づける），その無秩序状態をもう一度最初の秩序ある状態に戻さねばならない（エントロピーはなかなか減少してくれない）。

　エントロピーが増大すると，エネルギーの質が悪くなり，外部に対して仕事をする能力が減少するのである。

例題 4-6　カルノーサイクルの体積比

可逆過程におけるクラウジウスの式を用いて，右図のカルノーサイクルにおける体積比が以下の式を満たすことを示しなさい。

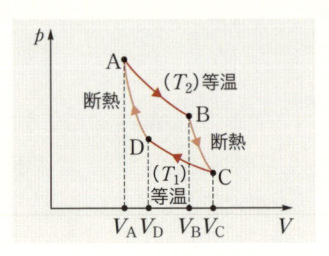

$$\frac{V_B}{V_A} = \frac{V_C}{V_D}$$

●解答

状態 A→B および状態 C→D の等温過程(内部エネルギーの変化なし)における, 吸収熱量, 外部にした仕事を, それぞれ Q_2, W_2 および Q_1, W_1 とすると, 熱力学の第1法則より,

$$Q_2 = 0 + W_2 = \int_{V_A}^{V_B} \frac{RT_2}{V} dV = RT_2 \log \frac{V_B}{V_A}$$

$$Q_1 = 0 + W_1 = \int_{V_C}^{V_D} \frac{RT_1}{V} dV = -RT_1 \log \frac{V_C}{V_D}$$

クラウジウスの式より可逆過程では

$$\frac{Q_1}{T_1} + \frac{Q_2}{T_2} = 0$$

$$\therefore -R\log\frac{V_C}{V_D} + R\log\frac{V_B}{V_A} = 0$$

$$\therefore \frac{V_B}{V_A} = \frac{V_C}{V_D}$$

例題 4-7　エントロピーの計算

1 mol の理想気体が, 状態 $A(p_A, T_A)$ から状態 $B(p_B, T_B)$ に変化した。このときのエントロピーの変化 $S_B - S_A$ が以下のように表せることを示しなさい。

$$S_B - S_A = C_p \log \frac{T_B}{T_A} + R\log \frac{p_A}{p_B}$$

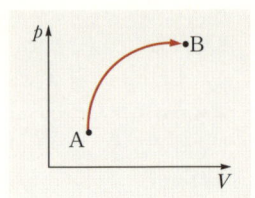

ただし, C_p は定圧熱容量, R は気体定数である。

●解答

(4.32) 式～(4.38) 式を復習する。熱力学の第1法則より

$$dU = d'Q - pdV, \quad d'Q = TdS$$

$$\therefore dS = \frac{dU}{T} + \frac{pdV}{T} = C_V \frac{dT}{T} + R\frac{dV}{V}$$

積分すると
$$S_B - S_A = C_V \log \frac{T_B}{T_A} + R\log \frac{V_B}{V_A}$$

マイヤーの式((3.31)式) $C_V = C_p - R$ および，状態方程式より

$$S_B - S_A = (C_p - R)\log \frac{T_B}{T_A} + R\log \frac{T_B}{p_B}\frac{p_A}{T_A}$$

$$= (C_p - R)\log \frac{T_B}{T_A} + R\log \frac{T_B}{T_A} + R\log \frac{p_A}{p_B}$$

$$= C_p \log \frac{T_B}{T_A} + R\log \frac{p_A}{p_B}$$

よって，題意が示された。

例題4-8 エントロピーの変化

以下の問いに答えなさい。

(1) 高熱源(温度 T_2)から低熱源(温度 T_1)へ，熱量が Q だけ流れた。この間のエントロピーの変化 ΔS はいくらか求めなさい。
(2) 熱容量が C である物体に対して，温度を T_1 から T_2 まで上昇させた（$T_2 > T_1$）。このとき，エントロピーの変化 ΔS はいくらか求めなさい。

● 解答
(1) Q を正として考えると，高熱源からは Q が流出し，低熱源には Q が流入しているので

$$\Delta S = -\frac{Q}{T_2} + \frac{Q}{T_1}$$

このとき，$T_2 > T_1$ であるから，$\Delta S > 0$ となる（エントロピー増大）。

(2) $d'Q = CdT$ であるから

$$\Delta S = \int_{T_1}^{T_2} \frac{CdT}{T} = C\int_{T_1}^{T_2} \frac{dT}{T} = C[\log T]_{T_1}^{T_2}$$

$$= C\log \frac{T_2}{T_1}$$

このとき，$T_2 > T_1$ であり，$\frac{T_2}{T_1} > 1$ なので，$\Delta S > 0$ となる。

演習問題

4-1
同じ材質でできた，同質量の物体 A, B が，異なる絶対温度 T_A, T_B の状態にある（$T_B > T_A$）。圧力一定のもとで，この2つの物体を接触させ，十分に時間が経過し，たがいに熱平衡状態になった。熱のやりとりは，この2つの物体間のみで行われるものとする。また，必要ならば，定圧熱容量 C_p を用いて，以下の問いに答えなさい。

(1) 熱平衡状態になったときの2物体の温度 T はいくらか求めなさい。

(2) 物体 A のエントロピーの増加量 ΔS_A はいくらか求めなさい。

(3) 物体 B のエントロピーの増加量 ΔS_B はいくらか求めなさい。

(4) 全エントロピーの増加量 ΔS を求め，$\Delta S > 0$ であることを示しなさい。

4-2
真空膨張が不可逆過程であることを，エントロピーに着目して示したい。以下の手順に沿ってこれを証明しなさい。

(1) 1 mol の理想気体に対する微小変化を考える。このとき，熱力学の第1法則は，
$$d'Q = dU + p\,dV$$
と表される。これを用いて，エントロピーの微小変化 dS は，
$$dS = \frac{R}{V} dV$$
と表されることを示しなさい。ただし，R は気体定数，V は体積を示す。

(2) 体積が，V_1 から V_2 へ真空膨張したとするとき，エントロピーの変化量を求め，不可逆変化であることを示しなさい。

4-3
状態方程式が $p(V-b) = RT$，内部エネルギーが $U = aT + U_0$ で表される気体がある。T_0, V_0 のときのエントロピーを S_0 とするとき，以下の問いに答えなさい。ただし，a, b, R, U_0 は定数とする。

(1) dU, $d'Q$ を求めなさい。

(2) dS を求めなさい。

(3) 状態 (T, V) におけるエントロピー S を S_0 を含む式で表しなさい。

5. 自由エネルギーと熱力学的関数
FREE ENERGY AND THERMODYNAMIC FUNCTION

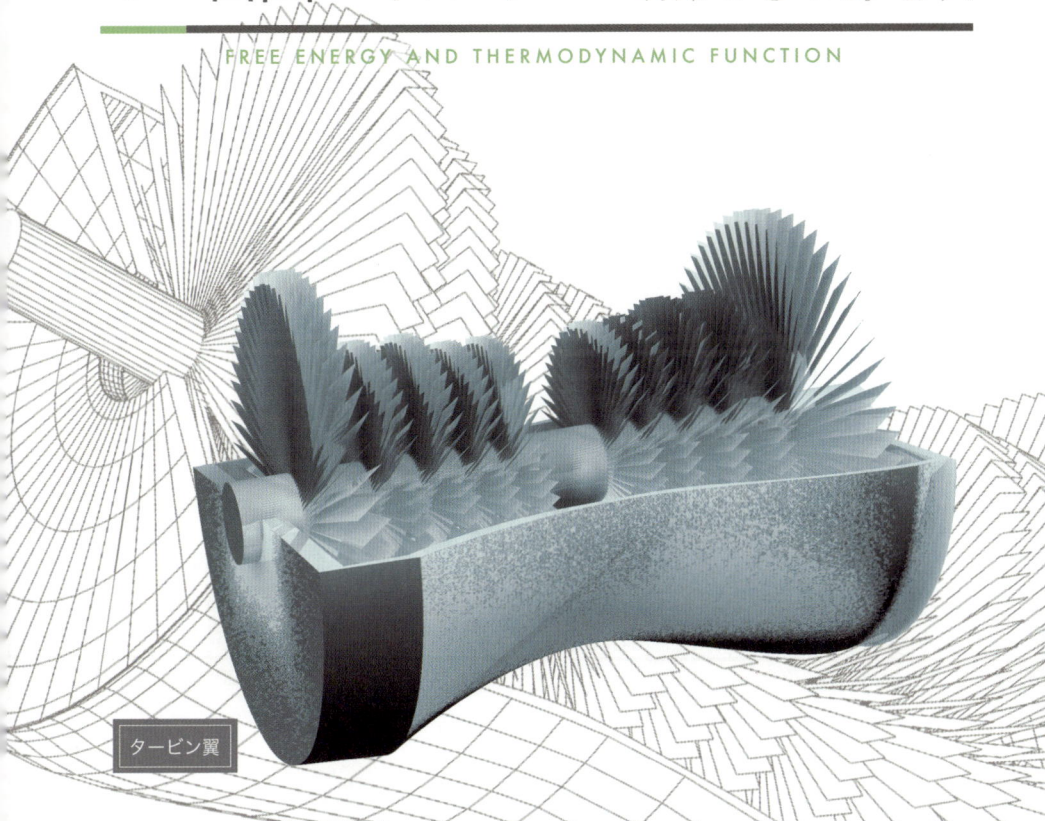

タービン翼

　これまで，熱力学的関数として，内部エネルギー U，エントロピー S，エンタルピー H を学んできた。さらに本章で，自由エネルギー G，F を新たに学ぶ。自由エネルギーの概念は式の展開だけに用いられ，非常に抽象的なもののようにみえるが，それぞれどの状態量によって表されているかよく理解することが大切である。

　また，これらの式から，マクスウェルの関係式を導き出す。結果も重要であるが，その導出方法にこそ意味があり，何が独立変数として扱われているかに十分注意して読み進めていただきたい。

5.1 自由エネルギー

A 熱力学の第 1 法則の変形

熱力学の第 1 法則より，微小変化に対して次式が成立する。

$$d'Q = dU - d'W \tag{5.1}$$

ここで，絶対温度が一定で，圧力 p である場合を考える。このとき，(4.32) 式，また $d'W$ が外部からされた仕事であるから，

$$d'Q = TdS, \qquad d'W = -pdV \tag{5.2}$$

であるから，(5.1) 式は，

$$dU = TdS - pdV \tag{5.3}$$

と書ける。この式は，図 5.1 のような状態変化を示していることになる。この式は，内部エネルギーの変化 dU が，エントロピー S と体積 V の微小変化によって表されている。つまり，S と V を独立変数として，内部エネルギーの変化 dU が表されている形になっている。したがって，U をそれぞれの独立変数で偏微分すると，エントロピー S が一定のとき

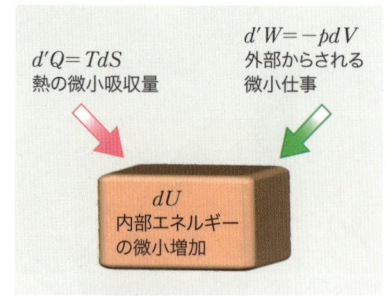

図 5.1　熱力学の第 1 法則

$$p = -\left(\frac{\partial U}{\partial V}\right)_S \tag{5.4}$$

体積 V が一定のとき

$$T = \left(\frac{\partial U}{\partial S}\right)_V \tag{5.5}$$

と書ける。この (5.4) 式，(5.5) 式より，

$$\frac{\partial p}{\partial S} = \frac{\partial}{\partial S}\left(-\frac{\partial U}{\partial V}\right) = -\frac{\partial}{\partial V} \cdot \frac{\partial U}{\partial S} = -\frac{\partial T}{\partial V} \tag{5.6}$$

となる。変数 S, V に注意して，この式は，

$$\left(\frac{\partial p}{\partial S}\right)_V = -\left(\frac{\partial T}{\partial V}\right)_S \tag{5.7}$$

と書ける。以上の式をまとめると以下のようになる。

●内部エネルギー

$dU = TdS - pdV$　　（独立変数　S, V）

圧力 p，絶対温度 T は内部エネルギー U を用いて

$$p = -\left(\frac{\partial U}{\partial V}\right)_S, \quad T = \left(\frac{\partial U}{\partial S}\right)_V$$

2式より

$$\left(\frac{\partial p}{\partial S}\right)_V = -\left(\frac{\partial T}{\partial V}\right)_S$$

☞ p.91　コラム参照

同様のことを，3.1節 D で学んだエンタルピー H（$H = U + pV$）で考えよう。

$$dH = dU + pdV + Vdp \tag{5.8}$$

ここで，熱力学の第1法則より，

$$dU + pdV = d'Q = TdS \tag{5.9}$$

よって，

$$dH = TdS + Vdp \tag{5.10}$$

これは S と p を独立変数として，エンタルピーの変化 dH が表されている形になっている。したがって，H をそれぞれの独立変数で偏微分すると，エントロピー S が一定のとき，

$$V = \left(\frac{\partial H}{\partial p}\right)_S \qquad (5.11) \qquad \underline{dH} = T\underline{dS} + Vdp \quad (=0)$$

圧力 p が一定のとき，

$$T = \left(\frac{\partial H}{\partial S}\right)_p \qquad (5.12) \qquad \underline{dH} = TdS + V\underline{dp} \quad (=0)$$

が成立する。また，上記2式より，

$$\frac{\partial V}{\partial S} = \frac{\partial}{\partial S} \cdot \frac{\partial H}{\partial p} = \frac{\partial}{\partial p} \cdot \frac{\partial H}{\partial S} = \frac{\partial T}{\partial p} \qquad (5.13)$$

変数が S, p であることに注意して，この式は

$$\left(\frac{\partial V}{\partial S}\right)_p = \left(\frac{\partial T}{\partial p}\right)_S \qquad (5.14)$$

と書ける。以上の式をまとめると以下のようになる。

●**エンタルピー**

エンタルピー H 　　　 $H = U + pV$

$dH = TdS + Vdp$ 　（独立変数 　S, p）

体積 V, 絶対温度 T はエンタルピー H を用いて

$$V = \left(\frac{\partial H}{\partial p}\right)_S , \quad T = \left(\frac{\partial H}{\partial S}\right)_p$$

2式より

$$\left(\frac{\partial V}{\partial S}\right)_p = \left(\frac{\partial T}{\partial p}\right)_S$$

☞ p.91 コラム参照

B ヘルムホルツの自由エネルギー

ここで，ヘルムホルツの自由エネルギー F というものを考えていこう。F を以下のように定義する。

$$F = U - TS \tag{5.15}$$

微小変化を考えて，

$$dF = dU - TdS - SdT \tag{5.16}$$

ここで，(5.3) 式より

$$dU - TdS = -pdV \tag{5.17}$$

であるから，

$$dF = -pdV - SdT \tag{5.18}$$

が成立する。これは V と T を独立変数として，ヘルムホルツの自由エネルギーの変化 dF が表されている形になっている。したがって，F をそれぞれの独立変数で偏微分すると，体積 V が一定のとき

$$S = -\left(\frac{\partial F}{\partial T}\right)_V \tag{5.19}$$

また，絶対温度 T が一定のとき

$$p = -\left(\frac{\partial F}{\partial V}\right)_T \tag{5.20}$$

と書ける。2 式より，

$$\frac{\partial S}{\partial V} = \frac{\partial}{\partial V}\left(-\frac{\partial F}{\partial T}\right) = \frac{\partial}{\partial T}\left(-\frac{\partial F}{\partial V}\right) = \frac{\partial p}{\partial T} \tag{5.21}$$

変数が，V，T であることに注意して，この式は

5 自由エネルギーと熱力学的関数

$$\left(\frac{\partial S}{\partial V}\right)_T = \left(\frac{\partial p}{\partial T}\right)_V \tag{5.22}$$

と書ける。以上の式をまとめると以下のようになる。

● **ヘルムホルツの自由エネルギー**

自由エネルギー F $F = U - TS$

$dF = -pdV - SdT$ （独立変数 V, T）

圧力 p, エントロピー S は，F を用いて

$$p = -\left(\frac{\partial F}{\partial V}\right)_T,\quad S = -\left(\frac{\partial F}{\partial T}\right)_V$$

2式より

$$\left(\frac{\partial S}{\partial V}\right)_T = \left(\frac{\partial p}{\partial T}\right)_V$$

☞ p.91　コラム参照

C ギブスの自由エネルギー

ここで，ギブスの自由エネルギー G というものを考えていこう。G を以下のように定義する。

$$G = F + pV (= H - TS) \tag{5.23}$$

微小変化を考えて，

$$\begin{aligned}dG &= dF + pdV + Vdp = (-pdV - SdT) + pdV + Vdp \\ &= Vdp - SdT\end{aligned} \tag{5.24}$$

これは p と T を独立変数として，ギブスの自由エネルギーの変化 dG が表されている形になっている。したがって，G をそれぞれの独立変数で偏微分すると，絶

対温度 T が一定のとき

$$V = \left(\frac{\partial G}{\partial p}\right)_T \quad (5.25)$$

$$dG = Vdp - S\overset{=0}{dT}$$

圧力が一定のとき

$$S = -\left(\frac{\partial G}{\partial T}\right)_p \quad (5.26)$$

$$dG = V\overset{=0}{dp} - SdT$$

となる。2式より，

$$\frac{\partial S}{\partial p} = \frac{\partial}{\partial p}\left(-\frac{\partial G}{\partial T}\right) = -\frac{\partial}{\partial T} \cdot \frac{\partial G}{\partial p} = -\frac{\partial V}{\partial T} \quad (5.27)$$

変数が，p, T であることに注意して，この式は

$$\left(\frac{\partial S}{\partial p}\right)_T = -\left(\frac{\partial V}{\partial T}\right)_p \quad (5.28)$$

と書ける。以上の式をまとめると以下のようになる。

● ギブスの自由エネルギー

自由エネルギー G 　　　$G = F + pV = H - TS$

$dG = Vdp - SdT$ 　（独立変数 p, T）

体積 V, エントロピー S は，G を用いて

$$V = \left(\frac{\partial G}{\partial p}\right)_T, \quad S = -\left(\frac{\partial G}{\partial T}\right)_p$$

2式より

$$\left(\frac{\partial S}{\partial p}\right)_T = -\left(\frac{\partial V}{\partial T}\right)_p$$

☞ p.91 コラム参照

例題 5-1　内部エネルギーの体積依存性

内部エネルギーの体積依存性は直接測定できないが，これを圧力 p の測定から求めることができる。このとき，以下の式を用いられる。

$$\left(\frac{\partial U}{\partial V}\right)_T = T\left(\frac{\partial p}{\partial T}\right)_V - p$$

この式を導きなさい。

●解答

熱力学の第 1 法則より

$$dU = d'Q - pdV, \qquad d'Q = TdS \qquad \therefore \quad dU = TdS - pdV$$

これより，U を V で偏微分すると

$$\left(\frac{\partial U}{\partial V}\right)_T = T\left(\frac{\partial S}{\partial V}\right)_T - p$$

ここで，(5.22) 式より，

$$\left(\frac{\partial S}{\partial V}\right)_T = \left(\frac{\partial p}{\partial T}\right)_V \qquad \therefore \quad \left(\frac{\partial U}{\partial V}\right)_T = T\left(\frac{\partial p}{\partial T}\right)_V - p$$

［補足］この式は，次節で学ぶマクスウェルの関係式である。ヘルムホルツの自由エネルギー F を用いて，圧力 p，エントロピー S を求める式から得られたものである。

例題 5-2　エンタルピー

エンタルピー H を測定可能な絶対温度 T と圧力 p の関数として表すことができる。このために用意される式が，

$$dH = C_p dT - \left[T\left(\frac{\partial V}{\partial T}\right)_p - V\right]dp$$

である。これを導きなさい。

●解答

(5.10) 式より　　$dH = TdS + Vdp$　　①

また　　　　　　$dH = d'Q + Vdp$　　②

②より，圧力一定のとき　$dH = d'Q$

ここで定圧熱容量を考えると，(3.9) 式より，$C_p = \left(\dfrac{d'Q}{dT}\right)_p = \left(\dfrac{\partial H}{\partial T}\right)_p$

$$\therefore\ C_p = \left(\dfrac{\partial H}{\partial S}\right)_p \left(\dfrac{\partial S}{\partial T}\right)_p = T\left(\dfrac{\partial S}{\partial T}\right)_p \quad (\because ①)$$

$$\therefore\ \left(\dfrac{\partial S}{\partial T}\right)_p = \dfrac{C_p}{T}$$

$$\therefore\ dS = \left(\dfrac{\partial S}{\partial T}\right)_p dT + \left(\dfrac{\partial S}{\partial p}\right)_T dp = \dfrac{C_p}{T}dT - \left(\dfrac{\partial V}{\partial T}\right)_p dp \qquad (\because (5.28)式)$$

①へ代入すると

$$dH = C_p dT - T\left(\dfrac{\partial V}{\partial T}\right)_p dp + Vdp = C_p dT - \left[T\left(\dfrac{\partial V}{\partial T}\right)_p - V\right]dp$$

例題5-3　ギブス・ヘルムホルツの式

$$U = F - T\left(\dfrac{\partial F}{\partial T}\right)_V, \qquad H = G - T\left(\dfrac{\partial G}{\partial T}\right)_p$$

を導きなさい。

●解答

(5.15) 式より，ヘルムホルツの自由エネルギーは次のとおりである。

$\qquad F = U - TS \quad \therefore\ U = F + TS$ ①

一方，(5.18) 式 $dF = -pdV - SdT$ より　$\left(\dfrac{\partial F}{\partial T}\right)_V = -S$ ②

②を①へ代入すると　$U = F - T\left(\dfrac{\partial F}{\partial T}\right)_V$

(5.23) 式より，ギブスの自由エネルギーは次のとおりである。

$\qquad G = H - TS \quad \therefore\ H = G + TS$ ③

一方，(5.24) 式 $dG = Vdp - SdT$ より　$\left(\dfrac{\partial G}{\partial T}\right)_p = -S$ ④

④を③へ代入すると　$H = G - T\left(\dfrac{\partial G}{\partial T}\right)_p$

5.2 マクスウェルの関係式

A マクスウェルの関係式

前節ですでに導いた以下の4つの式をマクスウェルの関係式という。

●マクスウェルの関係式

(5.7) $\quad \left(\dfrac{\partial p}{\partial S}\right)_V = -\left(\dfrac{\partial T}{\partial V}\right)_S$

(5.14) $\quad \left(\dfrac{\partial V}{\partial S}\right)_p = \left(\dfrac{\partial T}{\partial p}\right)_S$

(5.22) $\quad \left(\dfrac{\partial S}{\partial V}\right)_T = \left(\dfrac{\partial p}{\partial T}\right)_V$

(5.28) $\quad \left(\dfrac{\partial S}{\partial p}\right)_T = -\left(\dfrac{\partial V}{\partial T}\right)_p$

これらの式が，測定不可能な量を，測定可能な量で表していることに注意したい。すなわち，

(5.7) 式　：圧力のエントロピーに対する変化を，絶対温度の体積変化と結びつける式である。
(5.14) 式　：体積のエントロピーに対する変化を，絶対温度の圧力変化と結びつける式である。
(5.22) 式　：エントロピーの体積に対する変化を，圧力の絶対温度変化と結びつける式である。
(5.28) 式　：エントロピーの圧力に対する変化を，体積の絶対温度変化と結びつける式である。

B マクスウェルの関係式の応用例

マクスウェルの関係式を用いると，さまざまな条件下での式を導出できる。大切なことは，測定不可能な量を測定可能な量へ式変形することである。例として，絶対温度一定のもとでのエントロピーに対する諸量の変化率を考える。

①圧力 p のエントロピー S に対する変化率

$$\left(\frac{\partial p}{\partial S}\right)_T = \frac{1}{\left(\frac{\partial S}{\partial p}\right)_T} \tag{5.29}$$

であるから，マクスウェルの関係式 (5.28) 式を用いて，

$$\left(\frac{\partial p}{\partial S}\right)_T = -\frac{1}{\left(\frac{\partial V}{\partial T}\right)_p} \tag{5.30}$$

②体積 V のエントロピー S に対する変化率

$$\left(\frac{\partial V}{\partial S}\right)_T = \frac{1}{\left(\frac{\partial S}{\partial V}\right)_T} \tag{5.31}$$

であるから，マクスウェルの関係式 (5.22) 式を用いて

$$\left(\frac{\partial V}{\partial S}\right)_T = \frac{1}{\left(\frac{\partial p}{\partial T}\right)_T} \tag{5.32}$$

③内部エネルギー U のエントロピーに対する変化率

(5.3) 式 $dU = TdS - pdV$ より

$$\left(\frac{\partial U}{\partial S}\right)_T = T - p\left(\frac{\partial V}{\partial S}\right)_T = T - p\frac{1}{\left(\frac{\partial S}{\partial V}\right)_T} \tag{5.33}$$

であるから，マクスウェルの関係式 (5.22) 式を用いて，

$$\left(\frac{\partial U}{\partial S}\right)_T = T - p\frac{1}{\left(\frac{\partial p}{\partial T}\right)_V} \tag{5.34}$$

④エンタルピー H のエントロピーに対する変化率

(5.10) 式 $dH = TdS + Vdp$ より

$$\left(\frac{\partial H}{\partial S}\right)_T = T + V\left(\frac{\partial p}{\partial S}\right)_T = T + V\frac{1}{\left(\frac{\partial S}{\partial p}\right)_T} \tag{5.35}$$

であるから，マクスウェルの関係式 (5.28) を用いて

$$\left(\frac{\partial H}{\partial S}\right)_T = T - V\frac{1}{\left(\frac{\partial V}{\partial T}\right)_p} \tag{5.36}$$

⑤ヘルムホルツの自由エネルギー F のエントロピーに対する変化率

(5.18) 式 $dF = -pdV - SdT$ より

$$\left(\frac{\partial F}{\partial S}\right)_T = -p\left(\frac{\partial V}{\partial S}\right)_T = -p\frac{1}{\left(\frac{\partial S}{\partial V}\right)_T} \tag{5.37}$$

であるから，マクスウェルの関係式 (5.22) 式を用いて

$$\left(\frac{\partial F}{\partial S}\right)_T = -p\frac{1}{\left(\frac{\partial p}{\partial T}\right)_V} \tag{5.38}$$

⑥ギブスの自由エネルギー G のエントロピーに対する変化率

(5.24) 式 $dG = Vdp - SdT$ より

$$\left(\frac{\partial G}{\partial S}\right)_T = V\left(\frac{\partial p}{\partial S}\right)_T = V\frac{1}{\left(\frac{\partial S}{\partial p}\right)_T} \tag{5.39}$$

であるから，マクスウェルの関係式 (5.28) 式を用いて

$$\left(\frac{\partial G}{\partial S}\right)_T = -V\frac{1}{\left(\frac{\partial V}{\partial T}\right)_p} \tag{5.40}$$

以上のように，マクスウェルの関係式を用いると，このほかにもさまざまな量に対する変化率を測定可能量との関係式に持ち込むことができ，熱力学においては非常に有用となる（**例題 5-4**，**5-5** 参照）。

5.2 マクスウェルの関係式

COLUMN ★ 熱力学の諸量と独立変数について

熱力学においては，さまざまな物理量を独立変数と考えて式をつくる。これは，本章を読めばよくわかると思う。しかし，重要なのは，なぜそのようなことをしなければならないのか，また，何のために，エンタルピーや自由エネルギーなどとよばれる物理量を導入しなければならないか，ということである。その答は，簡単にいってしまえば，

1. 独立変数をさまざまに取り替え，観測量から，さまざまな熱的性質を探るため
2. 独立変数をさまざまに取り替え，物理量どうしの関係式を導き出すため

なのである。下記をみれば容易にわかるように，dU, dH では，絶対温度 T が独立変数として選択されていないが，dF, dG を用いることで，T を独立変数とすることが可能となっている。すなわち，これらの量を導入することで，絶対温度を一定にした環境下で，ある物理量を変化させたとき，変化する物理量を導き出すことが可能となるのである。このような目的から，さまざまな物理量を独立変数とする諸式を導き出しておくことは熱力学にとって非常に重要かつ有用なことなのである。

以下に，諸量について，独立変数を中心にまとめる。

● **内部エネルギーの式** $\quad dU = TdS - pdV$
① 2つの状態 (U, S, V) と $(U+dU, S+dS, V+dV)$ の間に成立する式である。
② S と V を独立変数として考えたものである。
　・S を一定として考えれば，U を用いて，p が得られる。
　・V を一定として考えれば，U を用いて，T が得られる。

● **エンタルピーの式** $\quad dH = TdS + Vdp$
① 2つの状態 (H, S, p) と $(H+dH, S+dS, p+dp)$ の間に成立する式である。
② S と p を独立変数として考えたものである。
　・S を一定として考えれば，H を用いて，V が得られる。
　・p を一定として考えれば，H を用いて，T が得られる。

● **ヘルムホルツの自由エネルギーの式** $\quad dF = -pdV - SdT$
① 2つの状態 (F, V, T) と $(F+dF, V+dV, T+dT)$ の間に成立する式である。
② V と T を独立変数として考えたものである。
　・V を一定として考えれば，F を用いて，S が得られる。
　・T を一定として考えれば，F を用いて，p が得られる。

● **ギブスの自由エネルギーの式** $\quad dG = Vdp - SdT$
① 2つの状態 (G, p, T) と $(G+dG, p+dp, T+dT)$ の間に成立する式である。
② p と T を独立変数として考えたものである。
　・p を一定として考えれば，G を用いて，S が得られる。
　・T を一定として考えれば，G を用いて，V が得られる。

例題5-4　マクスウェルの関係式の応用

以下の諸量を p, V, T のうち必要なものを用いて表しなさい。ただし，必要ならば定積熱容量 C_V，定圧熱容量 C_p を用いてもよい。

(1) 体積 V が一定のもとでの，エントロピー S の圧力 p に対する変化率
(2) 体積 V が一定のもとでの，内部エネルギー U の圧力 p に対する変化率
(3) 圧力 p が一定のもとでの，エントロピー S の体積 V に対する変化率
(4) 圧力 p が一定のもとでの，エンタルピー H の体積 V に対する変化率

●解答

(1) $\left(\dfrac{\partial S}{\partial p}\right)_V = \dfrac{1}{\left(\dfrac{\partial p}{\partial S}\right)_V} = -\dfrac{1}{\left(\dfrac{\partial T}{\partial V}\right)_S}$　　　(∵ マクスウェルの関係式 (5.7) 式)

　　ただし (4.37) 式より，$\left(\dfrac{\partial S}{\partial p}\right)_V = \left(\dfrac{\partial S}{\partial T}\right)_V \left(\dfrac{\partial T}{\partial p}\right)_V = -\dfrac{C_V}{T}\left(\dfrac{\partial T}{\partial p}\right)_V$　でも可

(2) (4.34) 式 $dU = TdS - pdV$ より

$$\left(\dfrac{\partial U}{\partial p}\right)_V = T\left(\dfrac{\partial S}{\partial p}\right)_V = -T\dfrac{1}{\left(\dfrac{\partial T}{\partial V}\right)_S}$$　　　(∵ マクスウェルの関係式 (5.7) 式)

　　ただし，$\left(\dfrac{\partial U}{\partial p}\right)_V = T\left(\dfrac{\partial S}{\partial p}\right)_V = -C_V\left(\dfrac{\partial T}{\partial p}\right)_V$　でも可

(3) $\left(\dfrac{\partial S}{\partial V}\right)_p = \left(\dfrac{\partial S}{\partial T}\right)_p \left(\dfrac{\partial T}{\partial V}\right)_p = \dfrac{C_p}{T}\left(\dfrac{\partial T}{\partial V}\right)_p$　　(例題5-2 参照)

(4) (5.10) 式 $dH = TdS + Vdp$ より

$$\left(\dfrac{\partial H}{\partial V}\right)_p = T\left(\dfrac{\partial S}{\partial V}\right)_p$$

$$= T\dfrac{1}{\left(\dfrac{\partial V}{\partial S}\right)_p}$$

$$= \dfrac{1}{\left(\dfrac{\partial T}{\partial p}\right)_S}$$　　(∵ マクスウェルの関係式 (5.14) 式)

例題5-5　ジュールの法則

1 mol の理想気体において $\left(\dfrac{\partial U}{\partial V}\right)_T = 0$ が成立することを，マクスウェルの関係式を用いて示しなさい。

●解答

熱力学の第1法則より $dU = TdS - pdV$　((4.34) 式参照)

$$\left(\frac{\partial U}{\partial V}\right)_T = T\left(\frac{\partial S}{\partial V}\right)_T - p$$

マクスウェルの関係式 (5.22) 式 $\left(\dfrac{\partial S}{\partial V}\right)_T = \left(\dfrac{\partial p}{\partial T}\right)_V$ より

$$\left(\frac{\partial U}{\partial V}\right)_T = T\left(\frac{\partial p}{\partial T}\right)_V - p$$

ここで状態方程式 $pV = RT$ より $\left(\dfrac{\partial p}{\partial T}\right)_V = \dfrac{R}{V}$

$$\therefore \left(\frac{\partial U}{\partial V}\right)_T = T\frac{R}{V} - p = 0$$

マクスウェルの関係式の簡単な覚え方　　COLUMN ★

『ZN型パーソナルTV』(personalTV)

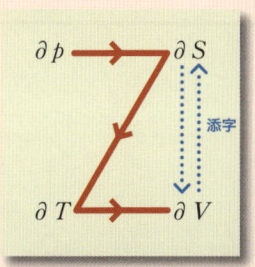

マイナスをつけることに注意

$$\left(\frac{\partial p}{\partial S}\right)_V = -\left(\frac{\partial T}{\partial V}\right)_S \quad (5.7)$$

逆をたどると，(5.28) 式

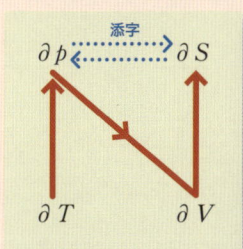

$$\left(\frac{\partial T}{\partial p}\right)_S = \left(\frac{\partial V}{\partial S}\right)_p \quad (5.14)$$

逆をたどると，(5.22) 式

5 自由エネルギーと熱力学的関数　演習問題

5-1
ギブス・ヘルムホルツの式

$$U = F - T\left(\frac{\partial F}{\partial T}\right)_V \quad \text{(例題 5-3 参照)}$$

より，以下の式を導きなさい。

$$d\left(\frac{F}{T}\right) = -\frac{U}{T^2}dT - \frac{p}{T}dV$$

5-2
ギブス・ヘルムホルツの式

$$H = G - T\left(\frac{\partial G}{\partial T}\right)_p \quad \text{(例題 5-3 参照)}$$

より，以下の式を導きなさい。

$$d\left(\frac{G}{T}\right) = -\frac{H}{T^2}dT + \frac{V}{T}dp$$

5-3
演習問題 5-1, 5-2 の結果および，

$$dz = Xdx + Ydy \text{ のとき } \left(\frac{\partial X}{\partial y}\right)_x = \left(\frac{\partial Y}{\partial x}\right)_y$$

が成立することを用いて，以下の問いに答えなさい。

(1) 温度一定のもとでの内部エネルギー U の体積依存性 $\left(\frac{\partial U}{\partial V}\right)_T$ が

$$\left(\frac{\partial U}{\partial V}\right)_T = T^2\left[\frac{\partial}{\partial T}\left(\frac{p}{T}\right)\right]_V$$

で表されることを示しなさい。

(2) 温度一定のもとでのエンタルピー H の圧力依存性 $\left(\frac{\partial H}{\partial p}\right)_T$ が

$$\left(\frac{\partial H}{\partial p}\right)_T = -T^2\left[\frac{\partial}{\partial T}\left(\frac{V}{T}\right)\right]_p$$

で表されることを示しなさい。

5-4
次式を証明しなさい。

$$TdS = C_V dT + T\left(\frac{\partial p}{\partial T}\right)_V dV$$

6. 気体分子の分布確率

DISTRIBUTION FUNCTION OF GAS MOLCULE

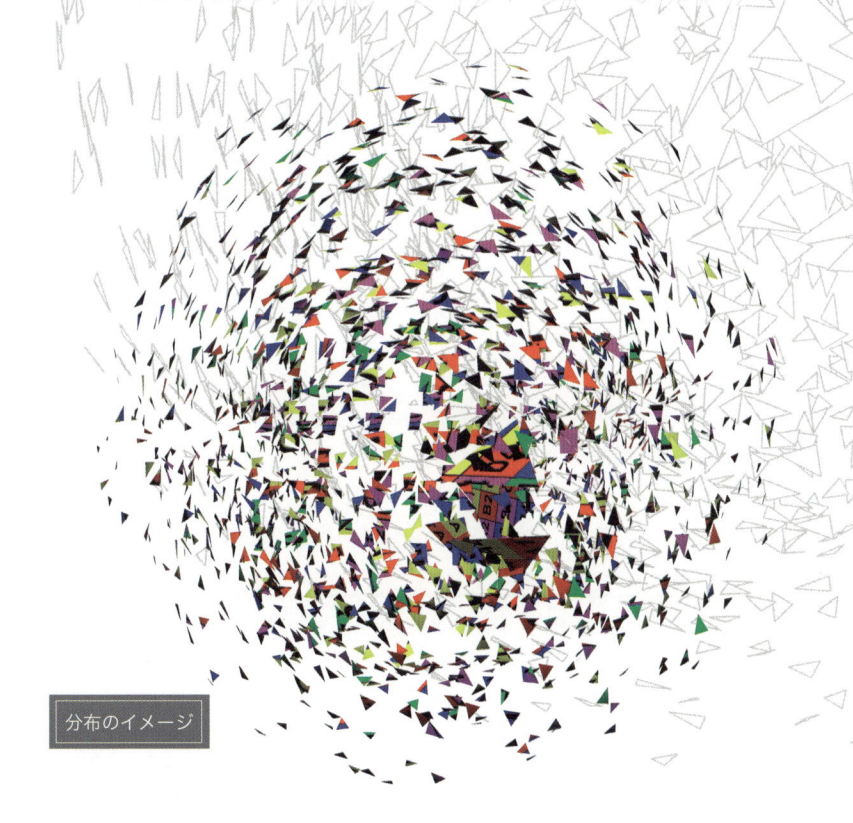

分布のイメージ

　この章では，第2章で学んだ気体の分子運動論をさらに一歩進めて，気体分子の分布を確率で表すことによって，気体分子の振る舞いを考えてみる。気体中にあるきわめてたくさんの小さな分子を個別に測定することは不可能である。しかし，分子の存在を確率として表現することで，問題を解決することができることを学んでいく。
　最初にマクスウェルの速度分布則を確率論で考え，確率として取り扱うことの正当性について述べていく。

6.1 マクスウェルの速度分布則

A マクスウェルの仮定

　ある容器内に封入された単原子理想気体の分子運動を考える（**図 6.1**, **図 6.2**）。第 2 章では，分子の速度を平均化して考えたが，ここではもう少しくわしく考えてみよう。

　容器内にはさまざまな速度をもつ分子があるが，個々の分子運動を厳密にとらえても煩雑になり，気体全体としての振る舞いの分析にはならない。そこで，

> 速度 v で運動する分子が何個存在するか

ということを表す関数を求める。この関数のことを**速度分布関数**というが，多くの分子を一度に扱うためにマクスウェルは以下に示すような仮定をした。仮定といっても現実離れしたものではなく，当然そうであろうと予想されるものばかりである。

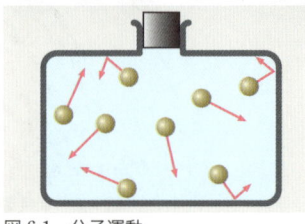

図 6.1　分子運動

> 仮定 1：速度 v の x, y, z 成分 (v_x, v_y, v_z) は，たがいに独立で相関関係はない。

（解説）
　v_x の分布を考えるとき，v_y, v_z がたとえどのような値であろうともその値に関係なく v_x の分布状態は 1 つの関数型で表される。

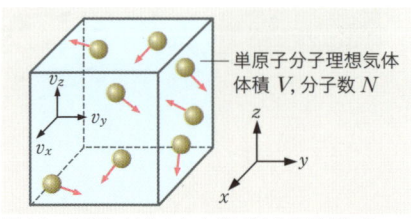

図 6.2　容器に封入された単原子分子理想気体（単原子分子理想気体　体積 V, 分子数 N）

> 仮定 2：速度成分 (v_x, v_y, v_z) を軸としてすべての分子の速度分布を図示すると球対称となる。

（解説）
各軸に対する速度分布は，軸によって差が出ないため，球対称となる。速度が大き

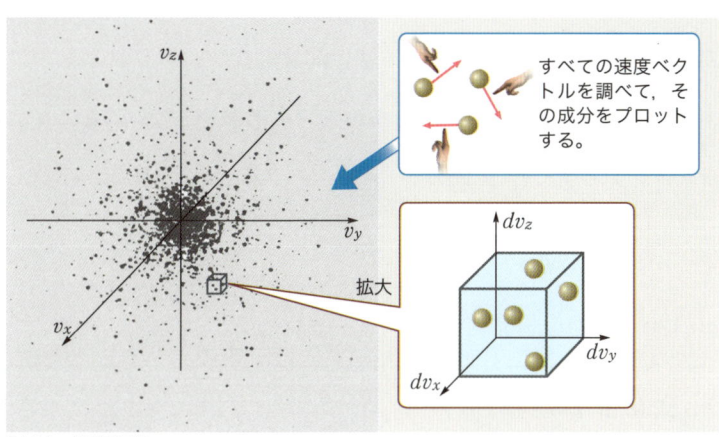

図 6.3 速度空間

くなるとその分子数の数は減少するので，図 6.3 のようになる．これを**速度空間**とよぶ．

以上のような仮定の下で，速度分布関数を次項で求める．

B 分布関数

図 6.3 の速度空間の単位体積あたりのプロット数（分子数）を $f(v_x,v_y,v_z)$ とする．図 6.3 中の右に示すように，微小体積 $dv_x\,dv_y\,dv_z$ 内の分子数は

$$f(v_x,v_y,v_z)dv_x\,dv_y\,dv_z$$

である．したがって，考えている気体分子の総数を N とすると

$$\int_{-\infty}^{\infty}\int_{-\infty}^{\infty}\int_{-\infty}^{\infty}f(v_x,\ v_y,\ v_z)dv_x\,dv_y\,dv_z = N \tag{6.1}$$

が成立しなくてはならない．ここでは，分布関数を $f(v_x,v_y,v_z)$ としたが，仮定 2 より，$f(v_x,v_y,v_z)$ を $f(v_x^2,v_y^2,v_z^2)$ と書く．これは，対称性を考えたものであり，分布図 6.3 をみても明らかである．

また，仮定 1 より，$v_x,\ v_y,\ v_z$ の分布をそれぞれ独立に考え，新たに関数 g を導入して，分布関数を

$$f(v_x{}^2,\ v_y{}^2,\ v_z{}^2) = g(v_x{}^2) \cdot g(v_y{}^2) \cdot g(v_z{}^2) \tag{6.2}$$

と書く．さらにこの仮定から，v_x の分布が v_y, v_z に依存しないことより

$$v_y{}^2 = v_z{}^2 = c \quad (c：定数)$$

として

$$\boxed{g(c) = n \quad (n：一定値) \tag{6.3}}$$

とおくと，式 (6.2) より

$$f(v_x{}^2,\ c,\ c) = n^2 g(v_x{}^2)$$

$$\therefore\ g(v_x{}^2) = \frac{f(v_x{}^2,\ c,\ c)}{n^2} \tag{6.4}$$

となる．同様に，

$$g(v_y{}^2) = \frac{f(c,\ v_y{}^2,\ c)}{n^2}\ ,\quad g(v_z{}^2) = \frac{f(c,\ c,\ v_z{}^2)}{n^2} \tag{6.5}$$

となるので，

$$f(v_x{}^2,\ v_y{}^2,\ v_z{}^2) = \frac{1}{n^6} f(v_x{}^2,\ c,\ c) \cdot f(c,\ v_y{}^2,\ c) \cdot f(c,\ c,\ v_z{}^2) \tag{6.6}$$

ここで，c は定数であることより

$$f(v_x{}^2,\ v_y{}^2,\ v_z{}^2) = \frac{1}{n^6} f(v_x{}^2) \cdot f(v_y{}^2) \cdot f(v_z{}^2) \tag{6.7}$$

となる．この式を満たす関数として

$$\boxed{f(v_x{}^2) = Ce^{-av_x^2} \quad (C：定数) \tag{6.8}}$$

とおくと，仮定 1 より，x, y, z それぞれ同じ定数 C を用いることができ，

$$\frac{C^3}{n^6}e^{-\alpha(v_x{}^2+v_y{}^2+v_z{}^2)} = f(v_x{}^2,\ v_y{}^2,\ v_z{}^2) \tag{6.9}$$

となる。(6.9) 式は (6.7) 式を満たしている。さらに，

$$v_x{}^2 + v_y{}^2 + v_z{}^2 = v^2 \tag{6.10}$$

が成り立つので，(6.9) 式は，$C^3/n^6 = A$ とおいて，

$$f(v^2) = \frac{C^3}{n^6}e^{-\alpha v^2} = Ae^{-\alpha v^2} \tag{6.11}$$

となる。これより，分布は，2次元 ($v_x,\ v_y$) で書き表すと**図 6.4** のような釣り鐘型をした曲面となる。

さてここで，最初の条件 (6.1) 式を用いて A を決める。(6.1) 式より，

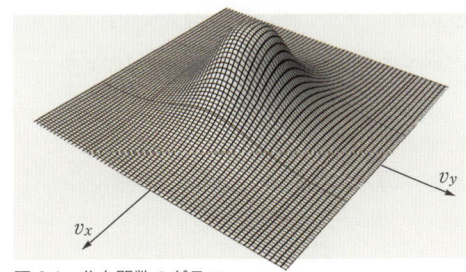

図 6.4　分布関数のグラフ

$$\int_{-\infty}^{\infty}\int_{-\infty}^{\infty}\int_{-\infty}^{\infty} f(v^2)dv_x dv_y dv_z = N \tag{6.12}$$

(6.11) 式を代入して，

$$A\int_{-\infty}^{\infty}\int_{-\infty}^{\infty}\int_{-\infty}^{\infty} e^{-\alpha v^2}dv_x dv_y dv_z = N \tag{6.13}$$

ここで，ガウス積分（巻末付録 p.144 参照）を用いてこれを計算すると，次のように A が求まる。

$$A\left(\frac{\pi}{\alpha}\right)^{\frac{3}{2}} = N \quad \therefore\ A = N\left(\frac{\alpha}{\pi}\right)^{\frac{3}{2}} \tag{6.14}$$

C 内部エネルギー表記による α の決定

前項 B より，分布関数は，

$$f(v^2) = N\left(\frac{\alpha}{\pi}\right)^{\frac{3}{2}} \cdot e^{-\alpha v^2} \tag{6.15}$$

となることがわかった。ここで，エネルギーに関する考察から α を決定する。速さが $v \sim v+dv$ の間にある分子を考える。図 6.5 において，この分子の数は，表面積 $4\pi v$ で，幅が dv の球殻内の分子数であるから，$f(v^2) \cdot 4\pi v^2 \cdot dv$ である。したがって，内部エネルギー U の定義より，理想気体では分子の運動エネルギーのみを考えて (2.2 節 C 参照)，

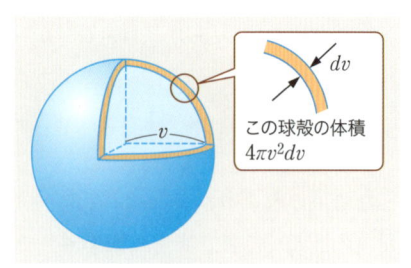

図 6.5　速度空間の微小球殻

$$U = \int_0^\infty \underbrace{\frac{1}{2}mv^2}_{\text{分子運動のエネルギー}} \cdot \underbrace{N\left(\frac{\alpha}{\pi}\right)^{\frac{3}{2}} \cdot e^{-\alpha v^2}}_{\text{分布関数}} \cdot \underbrace{4\pi v^2 dv}_{\text{微小球殻の体積}} \tag{6.16}$$

$$= \frac{3mN}{4\alpha} \quad \text{(巻末付録 p.144 参照)} \tag{6.17}$$

したがって，1 mol あたりで考えると，アボガドロ数を N_A として，

$$U = \frac{3mN_A}{4\alpha} \tag{6.18}$$

となる。一方，第 2 章の気体の分子運動論から，(2.31) 式を参照して

$$U = N_A \cdot \frac{3}{2}kT \tag{6.19}$$

であるから，(6.18) 式と (6.19) 式より，

$$\alpha = \frac{m}{2kT} \tag{6.20}$$

となる。以上より，

$$f(v^2) = N\left(\frac{m}{2\pi kT}\right)^{\frac{3}{2}} \cdot e^{-\frac{mv^2}{2kT}} \tag{6.21}$$

が得られる。これを，**マクスウェルの速度分布則**という（**マクスウェル・ボルツマンの速度分布則**ともいう）。

D 分布則の意味

ここで，前項 C で求めた分布関数についてより深く考察する。(6.21) 式は，(6.1) 式を満たしている。並べて表記すると，

$$\int_{-\infty}^{\infty} \int_{-\infty}^{\infty} \int_{-\infty}^{\infty} f(v^2) dv_x dv_y dv_z = N \tag{6.22}$$

$$f(v^2) = N\left(\frac{m}{2\pi kT}\right)^{\frac{3}{2}} \cdot e^{-\frac{mv^2}{2kT}} \tag{6.23}$$

である。この 2 式を比較すると，当然のことではあるが，

$$\int \left(\frac{m}{2\pi kT}\right)^{\frac{3}{2}} \cdot e^{-\frac{mv^2}{2kT}} dv = 1 \tag{6.24}$$

となる。積分が 1 になることより，(6.24) 式中の，

$$\left(\frac{m}{2\pi kT}\right)^{\frac{3}{2}} \cdot e^{-\frac{mv^2}{2kT}} \tag{6.25}$$

は，速度空間中の分子の存在確率，すなわち速度 v をもつ分子が容器内にいる確率を与えていることになる。この存在確率に，全気体の分子数 N を乗ずることによって，分布関数 f が与えられることになる。

例題6-1　根2乗平均速度

マクスウェルの速度分布則を

$$f(v^2) = Ae^{-\alpha v^2}$$

とする。速さが $v \sim v+dv$ の間にある分子数が，$f(v^2) \cdot 4\pi v^2 \cdot dv$ であることを用いて，根2乗平均速度 ((2.32) 式) を求め，第2章で得られた結果と等しくなることを示しなさい。
ただし，$\alpha = \dfrac{m}{2kT}$ である。

●解答
題意より，全分子数は，

$$N = \int_0^\infty f(v^2) \cdot 4\pi v^2 dv = \int_0^\infty Ae^{-\alpha v^2} \cdot 4\pi v^2 dv$$

$$= 4\pi A \int_0^\infty v^2 e^{-\alpha v^2} dv$$

であるから，平均の定義より

$$\langle v^2 \rangle = \frac{\int_0^\infty v^2 \cdot f(v^2) \cdot 4\pi v^2 dv}{N} = \frac{4\pi A \int_0^\infty v^2 \cdot v^2 e^{-\alpha v^2} dv}{4\pi A \int_0^\infty v^2 e^{-\alpha v^2} dv} = \frac{\int_0^\infty v^4 e^{-\alpha v^2} dv}{\int_0^\infty v^2 e^{-\alpha v^2} dv}$$

ここで，下記の数学公式を，$x \to v$, $n=2$, および $x \to v$, $n=1$ に対して用いると，

$$\langle v^2 \rangle = \frac{\dfrac{3}{8}\sqrt{\dfrac{\pi}{\alpha^5}}}{\dfrac{1}{4}\sqrt{\dfrac{\pi}{\alpha^3}}} = \frac{3}{2\alpha} = \frac{3kT}{m}$$

$$\therefore \sqrt{\langle v^2 \rangle} = \sqrt{\frac{3kT}{m}}$$

第2章の (2.32) 式より

$$\sqrt{\langle v^2 \rangle} = \sqrt{\frac{3RT}{mN_A}} = \sqrt{\frac{3kT}{m}} \quad \left(\because k = \frac{R}{N_A}\right)$$

よって，一致していることがわかる。

(数学公式 $\int_0^\infty x^{2n} \cdot e^{-\alpha x^2} dx = \dfrac{(2n-1)(2n-3)\cdots 3 \cdot 1}{2^{n+1}} \sqrt{\dfrac{\pi}{\alpha^{2n+1}}}$ を用いた)

例題 6-2　平均速度

例題 6-1 にならって，平均の速さ $\langle v \rangle$ を求め，根 2 乗平均速度と異なることを確認し，その関係を示しなさい。

● 解答

先と同様に

$$\langle v \rangle = \frac{\int_0^\infty v \cdot f(v^2) \cdot 4\pi v^2 dv}{N}$$

$$= \frac{4\pi A \int_0^\infty v \cdot v^2 e^{-\alpha v^2} dv}{4\pi A \int_0^\infty v^2 e^{-\alpha v^2} dv}$$

$$= \frac{\int_0^\infty v^3 e^{-\alpha v^2} dv}{\int_0^\infty v^2 e^{-\alpha v^2} dv}$$

ここで，分母については，例題 6-1 のときと同様に計算し，分子については，数学公式

$$\int_0^\infty x^{2n+1} \cdot e^{-\alpha x^2} dx = \frac{n!}{2\alpha^{n+1}}$$

に対して，$x \to v$，$n=1$ とすると，以下のようになる。

$$\langle v \rangle = \frac{\dfrac{1}{2\alpha^2}}{\dfrac{1}{4}\sqrt{\dfrac{\pi}{\alpha^3}}} = \frac{2}{\sqrt{\pi\alpha}} = \frac{2}{\sqrt{\pi}}\sqrt{\frac{2kT}{m}}$$

例題 6-1 の結果より　$\sqrt{\langle v^2 \rangle} = \sqrt{\dfrac{3kT}{m}}$

$$\therefore \quad \frac{\langle v \rangle}{\sqrt{\langle v^2 \rangle}} = \frac{2\sqrt{2}}{\sqrt{3\pi}}$$

[補足] $\langle v \rangle$ と $\sqrt{\langle v^2 \rangle}$ が異なる値となることは注意すべきことである。

$\dfrac{2\sqrt{2}}{\sqrt{3\pi}} \fallingdotseq 0.92$ 倍の違いがある。

6.2 場合の数と分布

A 分配の方法と数

図 6.6 に示すように，全体で 4 個の分子を，3 個と 1 個に分けることを考える。このときの場合の数は，

$$\frac{4!}{3!1!} = 4 \text{ 通り}$$

図 6.6　4 個の分子の場合分け

また，各分子の取りうる状態（落ち着くことができる状態）が，右の部屋と左の部屋それぞれで，たとえば，2 つの状態，3 つの状態を取りうるとするならば，図 6.6 に示すように，左側 1 つの状態に対しては，$2^3 = 8$ 通りの場合の数がある。このように考えると，全体で 4 個の分子を 3 個と 1 個に分け，さらに，それぞれに対して 2 つ，および 3 つの状態が許されるときの場合の数は，

$$\frac{4!}{3!1!} \cdot 2^3 \cdot 3^1 = 96 \text{ 通り}$$

であることがわかる。

B 速度空間への応用

前項 A の分配の方法を速度空間へ応用してみる。全分子数 N 個の系を考え、これを $N_1, N_2, \cdots, N_n$ 個に分ける方法は、

$$\frac{N!}{N_1!N_2!\cdots N_n!} = \frac{N!}{\prod_{n=1}^{n} N_n!} \text{ 通り} \quad (6.26)$$

ただし、$N_1 + N_2 + \cdots + N_n = N$

である。さらに、この $N_1, N_2, \cdots, N_n$ 個の分子を、それぞれ速度空間の体積 $\Delta_1, \Delta_2, \cdots, \Delta_n$ の中に配置する方法を考える(図 6.7。前項 A の取りうる状態に相当する)。この配置方法は、

$$\Delta_1{}^{N_1}\Delta_2{}^{N_2}\cdots\Delta_n{}^{N_n} = \prod_{n=1}^{n} \Delta_n{}^{N_n} \text{ 通り} \quad (6.27)$$

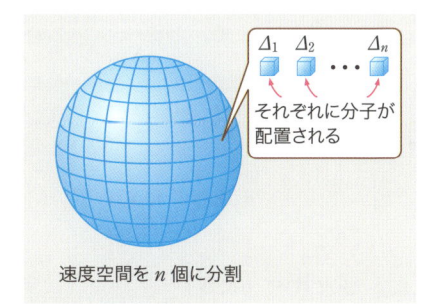

図 6.7　速度空間の分割

である。よって、分子数 N を $N_1, N_2, \cdots, N_n$ に分け、さらに各部屋に配置する方法の数は、(6.26)式、(6.27)式の積で与えられ、

$$W = \frac{N!}{N_1!N_2!\cdots N_n!}\Delta_1{}^{N_1}\Delta_2{}^{N_2}\cdots\Delta_n{}^{N_n} = \frac{N}{\prod_{n=1}^{n} N_n!}\prod_{n=1}^{n} \Delta_n{}^{N_n} \text{ 通り} \quad (6.28)$$

となる。これが、分子が速度空間内で取りうる場合の数となる。また、分配方法の総数は、速度空間の全体積を V とすると V^N(=一定)であるから、各速度空間 Δ_j に N_j 個($j=1, 2, \cdots, n$)の分子が分布する確率は、(6.28)式を総数 V^N で割っ

たものに等しい．すなわち，

$$(\text{分布確率}) = \frac{W}{V^N} \tag{6.29}$$

C 熱平衡の条件

　系全体が熱平衡にあるときは，分子の分布確率が最大になっているときと考えられる．これは，熱平衡の状態では，分子が最も安定した状態として存在することから考えられる当然の結果である．そこで，(6.29) 式で与えられる分布確率が極値をとるときに注目する．V^N は定数であるから，(6.28) 式に対して極値を探せばよいことになる．ここで，スターリングの公式（p.143 付録 **2** 参照）

$$\log N! = N\log N - N \tag{6.30}$$

を用いて，式を簡素化して考える．(6.28) 式の W に対して対数をとると

$$\log W = \log N! - \sum_j \log N_j! + \sum_j \log \Delta_j^{N_j} \tag{6.31}$$

ここで，スターリングの公式 (6.30) 式を用いると

$$\begin{aligned}
\log W &= N(\log N - 1) - \sum N_j(\log N_j - 1) + \sum N_j \log \Delta_j \\
&= N\log N - \sum N_j(\log N_j - \log \Delta_j) \quad (\because \sum N_j = N) \\
&= N\log N - \sum N_j \log \frac{N_j}{\Delta_j}
\end{aligned} \tag{6.32}$$

となる．ここで極値を求めるために変分を利用する．$\log W$ が極値をもつ条件は，N_j を $N_j + \delta N_j$ に変化させて，δN_j の変分を与えても $\log W$ が変化しないことであるから

$$\delta \log W = 0 \tag{6.33}$$

を満足する条件を考える．(6.32) 式より，

$$\delta \log W = \left(\frac{\partial \log W}{\partial N_j}\right)\delta N_j = -\sum_j \delta N_j \left(\log \frac{N_j}{\Delta_j} + 1\right) = 0 \qquad (6.34)$$

ここで,速度空間の条件として,

$$\delta N = \sum_j \delta N_j = 0 \qquad (6.35)$$

さらに,各微小速度空間のエネルギーを ε_j として,全エネルギー E が一定であると考えると,

$$\delta E = \sum_j \varepsilon_j \delta N_j = 0 \qquad (6.36)$$

となるので,α,β を未定乗数として,ラグランジュの未定乗数法 (p.144 付録 **4** 参照) を用いると,

$$\sum_j \delta N_j \left(\log \frac{N_j}{\Delta_j} + \alpha + \beta \varepsilon_j\right) = 0 \qquad (6.37)$$

と書ける。したがって,次のように分子数 N_j が求まる。

$$\log \frac{N_j}{\Delta_j} + \alpha + \beta \varepsilon_j = 0$$

$$\therefore \ \log \frac{N_j}{\Delta_j} = -\alpha - \beta \varepsilon_j, \qquad \therefore \ N_j = \Delta_j e^{-\alpha - \beta \varepsilon_j} \qquad (6.38)$$

D マクスウェルの速度分布

ここで,先に求めたマクスウェルの速度分布則 ((6.21) 式) を導いてみよう。速度分布関数を f とすると,速度空間の体積 Δ_j 中の分布確率は,$f\Delta_j$ と書けるので

$$N_j = N \cdot f \Delta_j \qquad (6.39)$$

となる。この式を (6.38) 式と比較して,

6 気体分子の分布確率

$$N \cdot f = e^{-\alpha - \beta \varepsilon_j} \quad \therefore \quad f = \frac{e^{-\alpha}}{N} \cdot e^{-\beta \varepsilon_j} \tag{6.40}$$

ここで，

$$\frac{e^{-\alpha}}{N} = A \tag{6.41}$$

とおき，

$$\varepsilon_j = \frac{1}{2}mv^2 \tag{6.42}$$

と書くと，(6.40) 式は，

$$f = Ae^{-\frac{\beta m}{2}v^2} \tag{6.43}$$

となる．さらに，ガウス積分（p.144 付録 3 参照）を用いると

$$\int_{-\infty}^{\infty}\int_{-\infty}^{\infty}\int_{-\infty}^{\infty} f dv_x dv_y dv_z = A\left(\int \exp\left(-\frac{\beta m}{2}v^2\right)dv\right)^3$$

$$= A \cdot \left(\frac{2\pi}{m\beta}\right)^{\frac{3}{2}} = N$$

であるから，A が定まり，前節で求めた (6.21) 式と一致する．このとき，

$$\beta = \frac{1}{kT} \tag{6.44}$$

となることがわかる．$e^{-\beta \varepsilon_j}$ のことを**ボルツマン因子**とよぶ．

ボルツマン（Boltzmann, 1844 〜 1906） COLUMN ★

オーストリアの理論物理学者．クラウジウス，マクスウェルに続いて，気体の分子運動論を完成し，統計力学の基礎を作り上げた．エントロピー S と $\log W$ の間の関連を発見（$S = k \log W$）し，ミクロとマクロの世界を結びつけることに成功した．他にも分子運動論からの熱現象の非可逆性の証明，放射熱に対するシュテファン・ボルツマンの法則などの業績がある．ウィーンの彼の墓碑には，彼の像とともに，$S = k \log W$ が刻まれている．

E エントロピーと分配配置数の関係

図 6.8 のように，断熱材でできた 1 つの容器の中央に仕切り板を取り付け，一方に理想気体を入れ，他方を真空にしておく。ここで，仕切り板を取り去る自由膨張を考える。このとき，理想気体の分子数を N 個とする。自由膨張では全分子の運動エネルギーの和は不変なので温度も不変である。したがって，この場合のエントロピーの増加は，気体の体積が 2 倍になることより，(4.39) 式を用いて，

$$\Delta S = nR\log\frac{2V}{V} = nR\log 2 \quad (6.45)$$

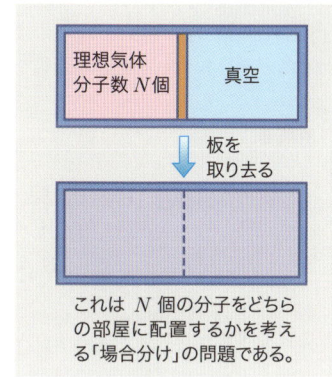

図 6.8 自由膨張と場合分け

と書ける。n は mol 数である。ここで，アボガドロ数を N_A とすると，

$$\Delta S = \frac{N}{N_A}R\log 2 \tag{6.46}$$

となる。これを，書き換えると，

$$\Delta S = \frac{R}{N_A}\log 2^N \tag{6.47}$$

となる。この自由膨張の場合，2 つの部屋に対して，どちらの部屋に N 個の分子が入るかを考えているので，板を取り去る前の 2^N 倍だけ場合の数が増えると考えられる。(6.46) 式や (6.47) 式を説明するために，

$$S = k\log W \quad \left(k = \frac{R}{N_A}:\text{ボルツマン定数}\right) \tag{6.48}$$

と考えればよい。これは，自由膨張のときだけでなく，一般的に成り立つ式である。この式は熱力学的な量（エントロピー S）と，分子運動を考えた場合の数（分配配置数 W）の間に成り立つ重要な式である。この式のことを**ボルツマンの関係式**という。このことより，(6.33) 式で，$\log W$ の最大値を考えて，熱平衡を考えたが，これは，熱力学量のエントロピー S で考えれば，エントロピーが最大の状態であることを示していることになる。

例題6-3　場合の数と log$W$

ある容器を同体積の2つの部屋に分けたと考える。それぞれの部屋に，N_1, N_2 個の分子を配置したとき，分配の場合の数 W が最大となるのは，$N_1 = N_2$ のときであることを，スターリングの公式を用いて示しなさい。

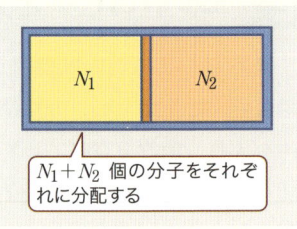

$N_1 + N_2$ 個の分子をそれぞれに分配する

●解答

分配の場合の数は，$W = \dfrac{(N_1 + N_2)!}{N_1! \, N_2!}$ である。

$$\therefore \ \log W = \log(N_1 + N_2)! - \log N_1! - \log N_2!$$

ここでスターリングの公式 $\log N! \fallingdotseq N\log N - N$ を用いると

$$\log W = (N_1 + N_2)\log(N_1 + N_2) - (N_1 + N_2)$$
$$- N_1 \log N_1 + N_1 - N_2 \log N_2 + N_2$$
$$= (N_1 + N_2)\log(N_1 + N_2) - N_1 \log N_1 - N_2 \log N_2$$
$$= N_1\{\log(N_1 + N_2) - \log N_1\} + N_2\{\log(N_1 + N_2) - \log N_2\} \quad ①$$

全体の個数を N として，$N_1 + N_2 = N$, $N_2 = N - N_1$ より

$$\log W = N_1\{\log N - \log N_1\} + (N - N_1)\{\log N - \log(N - N_1)\}$$

$$\therefore \ \frac{d}{dN_1} \cdot \log W = (\log N - \log N_1) - 1 - \{\log N - \log(N - N_1)\} + 1$$

$$= \log \frac{N - N_1}{N_1}$$

よって分配の場合の数 W が極値（最大値）をとるのは，次の場合である。

$$\log \frac{N - N_1}{N_1} = 0 \quad \therefore \ \frac{N - N_1}{N_1} = 1 \quad \therefore \ N_1 = \frac{N}{2} = N_2$$

例題6-4　log W の変分

例題6-3を，log W の変分 $\delta \log W$ を計算することで導きなさい。

● 解答

$$\delta \log W = \frac{\partial \log W}{\partial N_1} \cdot \delta N_1 + \frac{\partial \log W}{\partial N_2} \cdot \delta N_2$$

極値の条件として $\delta \log W = 0$ とすると

$$\frac{\partial \log W}{\partial N_1} \cdot \delta N_1 + \frac{\partial \log W}{\partial N_2} \cdot \delta N_2 = 0$$

となる。ここで，$\delta N = \delta N_1 + \delta N_2 = 0$　∴　$\delta N_2 = -\delta N_1$　より

$$\left(\frac{\partial \log W}{\partial N_1} - \frac{\partial \log W}{\partial N_2}\right)\delta N_1 = 0 \quad \therefore \quad \frac{\partial \log W}{\partial N_1} = \frac{\partial \log W}{\partial N_2}$$

前問の log W の式を代入すると（例題6-3の①式）

$$\log N_1 = \log N_2$$

となる。よって，$N_1 = N_2$

統計力学における重要公式および数学的手法　　COLUMN ★

1. $\displaystyle\int_0^\infty x^{2n} \cdot e^{-\alpha x^2} dx = \frac{(2n-1)(2n-3)\cdots 3 \cdot 1}{2^{n+1}} \sqrt{\frac{\pi}{\alpha^{2n+1}}}$

2. $\displaystyle\int_0^\infty x^{2n+1} \cdot e^{-\alpha x^2} dx = \frac{n!}{2\alpha^{n+1}}$

3. $\log N! \fallingdotseq N(\log N - 1)$

4. ラグランジュの未定乗数法

5. 偏微分における基本公式

これらは，いつでも使えるように準備しておくことが大切である。

6 気体分子の分布確率

演習問題

6-1

1つの容器の中に，$2N$個の分子が入っており，1個の分子が容器の右半分と左半分に見出される確率は同じであるとする。それぞれの分子はたがいに同等で統計的に独立であるとして以下の問いに答えなさい。

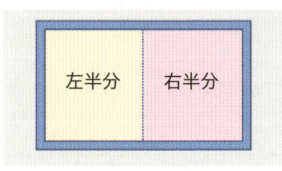

(1) $2N$個の分子を $(N+x)$ 個と $(N-x)$ 個に分ける場合の数はいくらか求めなさい。

(2) $2N$個のうち，ある特定の $(N+x)$ 個の分子が左半分に見出される確率を求めなさい。

(3) (2) と同様に，ある特定の $(N-x)$ 個の分子が右半分に見出される確率を求め，これより，$2N$個のうち，ある特定の $(N+x)$ 個の分子が左半分に，また $(N-x)$ 個の分子が右半分に見出される確率が，x に依存しないことを示しなさい。

(4) (1) および (3) の結果を用いて，容器の左半分に $(N+x)$ 個，右半分に $(N-x)$ 個の分子を見出す確率 $f(x)$ を求めなさい。

6-2

単原子分子理想気体を速度空間で考える。分布関数を f とするとき，以下の問いに答えなさい。

(1) 分子の平均運動エネルギーの和 $N\langle\varepsilon\rangle$ が，

$$N\langle\varepsilon\rangle = \frac{1}{2}m\int_{-\infty}^{\infty}\int_{-\infty}^{\infty}\int_{-\infty}^{\infty} f(v_x, v_y, v_z)\cdot v^2 dv_x dv_y dv_z$$

となることを説明しなさい。

(2) ある微小面積 dS に，時間 Δt の間に衝突する分子を考える。図の円筒の体積は

$$|v_x|\Delta t dS$$

である。全体積 V のうち，この円筒内に存在するものの平均数はどのように書けるか示しなさい。

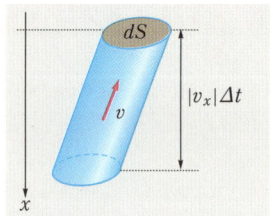

(3) 1つの分子が与える力積が $2mv_x$ であることを用いて，単位時間，単位面積あたりに分子が面に与える力積を求めなさい。

(4) 圧力 p が，以下の式で与えられることを示しなさい。

$$p = \frac{m}{3V}\int_{-\infty}^{\infty}\int_{-\infty}^{\infty}\int_{-\infty}^{\infty} v^2 f(v_x, v_y, v_z) dv_x dv_y dv_z$$

(5) (1) と (4) で得られた式より，以下の式を示しなさい。

$$pV = \frac{2}{3}N\langle\varepsilon\rangle$$

7. 統計集団

STATISTICAL ENSEMBLE

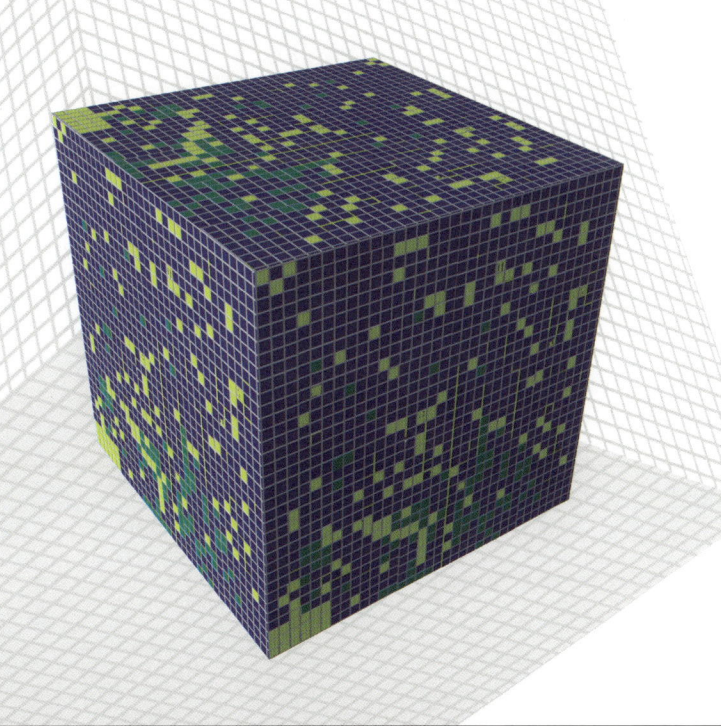

　この章で学ぶことは，統計力学の基礎になるものである．着目している系を，体系の集合体として取り扱い，分配関数を定義することで状態の確率を考える．小正準集団，正準集団，大正準集団を併記することで，その違いを明らかにする．そして，それぞれと熱力学諸量との関係について解説する．あまり深入りすることなく要点のみを取り上げ，統計の考え方の基本を中心に述べる．

7.1 統計集団

A 統計力学とは

　熱力学分野で学んだ熱力学的諸量の意味を，分子や原子などミクロな立場から考えることが統計力学の目的である（**図7.1，7.2**）。例として気体の分子を考える。気体は，個々の分子の集まりであり，これは第6章で扱った考え方である。

　ところでこの章では，**体系**とよばれる考え方を導入する。すなわち，ある状態にある多数の分子を1つの体系と考え，その体系の集合体で着目している系を分析する考え方である。この体系の集合体のことを**統計集団**または，**アンサンブル**という。

　統計集団には，**小正準集団**，**正準集団**，**大正準集団**とよばれる3つの集団がある。3つの集団の違いは，ある1つの統計集団が，M個の体系で構成されるとき，これらの体系の熱力学的状態がどんな値で指定されるかによって分類される。くわしい議論は後述するが，それぞれ簡潔に述べると次ページ上のようになる。

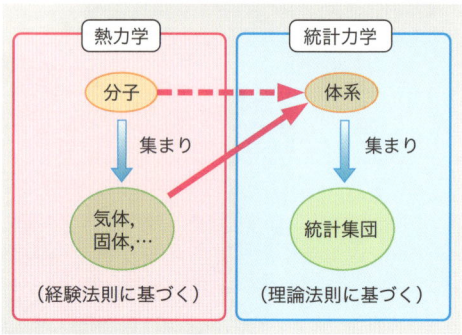

図7.1　熱力学と統計力学

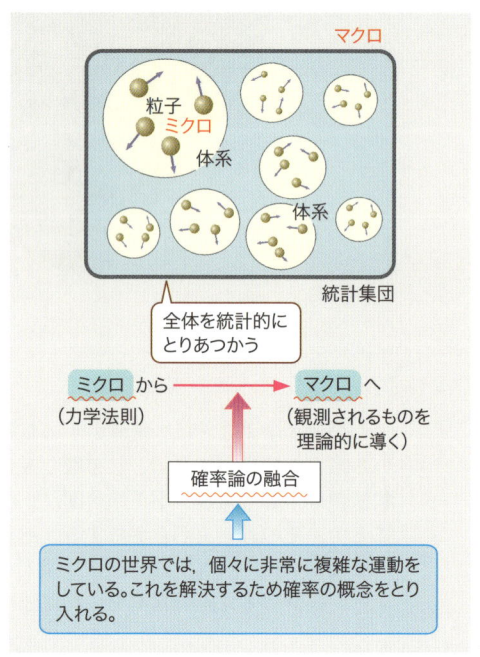

図7.2　ミクロからマクロへ

7.1 統計集団

① 小正準集団 （ミクロカノニカルアンサンブル）
独立した孤立系の集まりで，熱力学的状態が（粒子数 N，体積 V，内部エネルギー E）で指定される。

② 正準集団 （カノニカルアンサンブル）
温度 T の熱源に接触しており，熱力学的状態が（粒子数 N，体積 V，温度 T）で指定される。

③ 大正準集団 （グランドカノニカルアンサンブル）
温度 T の熱源に接触しており，さらに粒子源にも接触しており，熱力学的状態が（化学的ポテンシャル μ，体積 V，温度 T）で指定される。
［化学的ポテンシャル：$\mu = G/N$ で定義される］

B 小正準集団

粒子数が N 個の系を考える。外部とのエネルギーのやりとりがなく，系全体での体積と内部エネルギーがともにつねに一定で，平衡状態にある系では，粒子はたがいに独立で，その微視状態（位置や速度）は等しい確率で現れる（**等確率の原理**という）。このような粒子の集団を**小正準集団**とよぶ。このような条件を満足する粒子の特徴を考えてみよう。

ここでは，粒子がたがいに独立であることから，粒子の数と同等の N 個の体系があると考えられる。つまり，粒子1つが1つの体系をつくっていることと，同等に考えることができる。したがって，前章 (6.2節) と全く同様の議論ができる。個々の粒子のもつエネルギーによって粒子を分配し，その場合の数を考える。ここで，エネルギー ε_j をとる粒子に対して，

表7.1 小正準集団

j	粒子（体系）数	エネルギー
1	N_1	ε_1
2	N_2	ε_2
⋮	⋮	⋮
j	N_j	ε_j
⋮	⋮	⋮
(計)	N	E

> 粒子数：N_j　　　エネルギー：ε_j

とし，さらに，「同じエネルギー ε_j をとることが可能な Δ_j 個の状態が存在するものとする」（条件 A）。すなわち，エネルギー ε_j の状態にある N_j 個の粒子が，それぞれ独立に Δ_j 個の状態をとることが可能であると考えると，分配の場合の数は，(6.28) 式と同じになる。すなわち，状態の数を W とすると，(6.32) 式より，

$$\log W = N\log N - \sum_j N_j \log \frac{N_j}{\Delta_j} \tag{7.1}$$

また，上記の条件 A より，全粒子数 N，全エネルギー E に対して，

$$N = \sum_j N_j \quad \left(\delta N = \sum_j \delta N_j = 0\right)$$

$$E = \sum_j \varepsilon_j N_j \quad \left(\delta E = \sum_j \delta \varepsilon_j N_j = 0\right) \tag{7.2}$$

が成立する。ここで，(　) 内の式は，N, E が一定であることを示す。ラグランジュの未定乗数法（p.144 付録 **4** 参照）を用いて，(6.38) 式より，

$$\log \frac{N_j}{\Delta_j} + \alpha + \beta \varepsilon_j = 0 \quad \therefore\ N_j = \Delta_j e^{-\alpha - \beta \varepsilon_j} \tag{7.3}$$

となる。したがって，小正準集団では，(7.3) 式に示される N_j のような分布形態をとる。

C 正準集団

　現実の体系を考えるにあたっては，小正準集団のようにある粒子があるエネルギー状態に固定されているとは考えにくい。全体としてエネルギーが E（一定）である平衡状態を考えたうえで，粒子間の熱運動による衝突で体系間のエネルギーのやりとりが可能な系を考えるほうがより現実的であろう。すなわち，このエネルギーを内部エネルギーと考えると，内部エネルギーは温度に依存するので，1 つの体系に対して他の体系がその体系の温度を決定するという関係にあると考えられる。言

7.1 統計集団

小正準集団

N_1 個の体系（□ が N_1 個）

1 の全エネルギー → $N_1\varepsilon_1$

↑ エネルギーのやり取り不可

正準集団

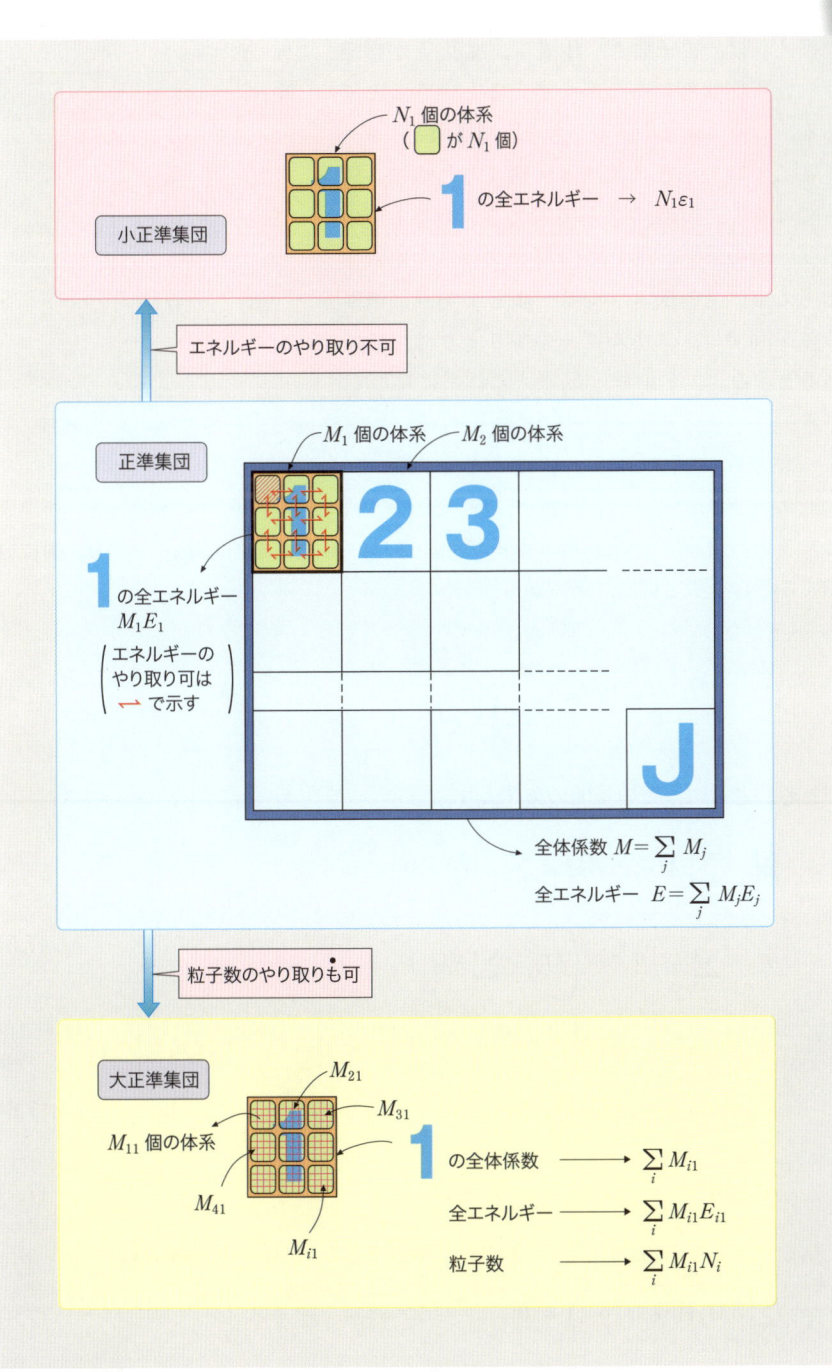

M_1 個の体系　M_2 個の体系

1 の全エネルギー $M_1 E_1$

（エネルギーのやり取り可は ⇄ で示す）

2　**3**　……　**J**

全体係数 $M = \sum_j M_j$

全エネルギー $E = \sum_j M_j E_j$

↓ 粒子数のやり取りも可

大正準集団

M_{11} 個の体系　M_{21}　M_{31}　M_{41}　M_{i1}

1 の全体係数 ⟶ $\sum_i M_{i1}$

全エネルギー ⟶ $\sum_i M_{i1} E_{i1}$

粒子数 ⟶ $\sum_i M_{i1} N_i$

図 7.3　統計集団

い換えれば，粒子数 N，体積 V，温度 T が指定された平衡状態にある系を考えるということである．このような集団のことを**正準集団**とよぶ．

ここでは，小正準集団と区別するために，粒子ではなく，M 個の体系で考える．ある1つの温度一定の系を，全く同じ M 個の体系の集合体と考える．全内部エネルギーは E であり，個々の体系間では，エネルギーのやりとりは可能であるとする．エネルギー E_j をとる体系に対して，

表 7.2　正準集団

j	体系数	エネルギー
1	M_1	E_1
2	M_2	E_2
⋮	⋮	⋮
j	M_j	E_j
⋮	⋮	⋮
(計)	M	E

> 体系数　M_j　　　エネルギー　E_j

とすると，M 個の体系が取りうる状態の数は，M 個を M_1, M_2, $\cdots$, M_m 個に分類する場合の数と同じであるから，

$$W = \frac{M!}{M_1! M_2! \cdots M_m!} = \frac{M!}{\displaystyle\prod_{j=1}^{m} M_j!} \tag{7.4}$$

である．さらに，この集団の条件より，

$$\begin{aligned} M &= \sum_j M_j \quad \left(\delta M = \sum_j \delta M_j = 0\right) \\ E &= \sum_j M_j E_j \quad \left(\delta E = \sum_j \delta M_j E_j = 0\right) \end{aligned} \tag{7.5}$$

さて，ここでも先と同様にスターリングの公式を用いて，(7.4) 式より

$$\log W = M \log M - \sum_j M_j \log M_j \tag{7.6}$$

$$\delta \log W = -\sum_j \delta M_j (\log M_j + 1) \tag{7.7}$$

となる（ここで，(6.32) 式，(6.34) 式を参照のこと）．W の極値条件は，

$$\sum_j \delta M_j (\log M_j + 1) = 0 \tag{7.8}$$

(7.5) 式および，ラグランジュの未定乗数法より

$$\sum_j \delta M_j (\log M_j + \alpha + \beta E_j) = 0 \tag{7.9}$$

$$\therefore\ \log M_j = -\alpha - \beta E_j \tag{7.10}$$

これより，

$$M_j = e^{-\alpha - \beta E_j} \tag{7.11}$$

と求められる．

D 大正準集団

正準集団の考え方に加えて，M 個の体系が個々に異なる粒子数をもち，その粒子数の変動も考慮したものが**大正準集団**である．

まず，前項 C と同様に M 個の体系で考える．粒子数とエネルギーによって決まる1つの体系 M_{ij} に対して，

> 体系数　M_{ij}
> 粒子数　N_i
> エネルギー　E_{ij}

表 7.3　大正準集団

i	j	粒子数	体系数	エネルギー
1	1	N_1	M_{11}	E_{11}
2		N_2	M_{21}	E_{21}
⋮		⋮	⋮	⋮
1	2	N_1	M_{12}	E_{12}
2		N_2	M_{22}	E_{22}
⋮		⋮	⋮	⋮
⋮	⋮	⋮	⋮	⋮
⋮	j			
i		N_i	M_{ij}	E_{ij}
⋮		⋮	⋮	⋮
⋮	⋮	⋮	⋮	⋮
(計)		N	M	E

と決める．E_{ij} は，粒子数が N_i 個である体系のエネルギーを示している．すなわち，粒子数 N_i 個で，エネルギーが E_{ij} の体系の個数が M_{ij} 個あると考える．M 個の体系が取りうる状態の数は，M 個を M_{ij} に分類する場合の数と同じであるから，

$$W = \frac{M!}{\prod_{i,j} M_{ij}!} \tag{7.12}$$

である．さらに，この集団の条件は，

$$M = \sum_{i,j} M_{ij} \quad \left(\delta M = \sum_{i,j} \delta M_{ij} = 0\right)$$

$$E = \sum_{i,j} M_{ij} E_{ij} \quad \left(\delta E = \sum_{i,j} \delta M_{ij} E_{ij} = 0\right)$$

$$N = \sum_{i,j} M_{ij} N_i \quad \left(\delta N = \sum_{i,j} \delta M_{ij} N_i = 0\right) \tag{7.13}$$

である．正準集団のときと同様に，

$$\log W = M \log M - \sum_{i,j} M_{ij} \log M_{ij} \tag{7.14}$$

$$\delta \log W = -\sum_{i,j} \delta M_{ij} (\log M_{ij} + 1) \tag{7.15}$$

となる．W の極値条件は，ラグランジュの未定乗数 α, β, γ を用いて，

$$\sum_{i,j} \delta M_{ij} (\log M_{ij} + \alpha + \beta E_{ij} + \gamma N_i) = 0 \tag{7.16}$$

となる（ここで，(7.9) 式を参照のこと）．したがって，先と同様に，

$$M_{ij} = e^{-\alpha - \beta E_{ij} - \gamma N_i} \tag{7.17}$$

と求められる．

E 各集団における分配関数

ここでは，B～D項で得た結果をまとめ，各集団における状態の出現確率と，そこから定義される**分配関数**について簡単にふれておく（分配関数については p.127 参照）。

①小正準集団（ミクロカノニカル分布）

体系数　$N_j = \Delta_j e^{-\alpha - \beta \varepsilon_j}$　　全体係数　$N = \sum N_j = \sum \Delta_j e^{-\alpha - \beta \varepsilon_j}$

出現確率　$\rho = \dfrac{N_j}{N} = \dfrac{\Delta_j e^{-\alpha - \beta \varepsilon_j}}{\sum \Delta_j e^{-\alpha - \beta \varepsilon_j}} = \dfrac{\Delta_j e^{-\beta \varepsilon_j}}{\sum \Delta_j e^{-\beta \varepsilon_j}}$　　　(7.18)

出現確率　$\rho = \dfrac{\Delta_j e^{-\beta \varepsilon_j}}{Z}$　　：分配関数　$Z = \sum \Delta_j e^{-\beta \varepsilon_j}$　　(7.19)

②正準集団（カノニカル分布）

体系数　$M_j = e^{-\beta E_j}$　　　　全体係数　$M = \sum M_j = \sum e^{-\alpha - \beta E_j}$

出現確率　$\rho = \dfrac{M_j}{M} = \dfrac{e^{-\alpha - \beta E_j}}{\sum e^{-\alpha - \beta E_j}} = \dfrac{e^{-\beta E_j}}{\sum e^{-\beta E_j}}$　　(7.20)

出現確率　$\rho = \dfrac{e^{-\beta E_j}}{Z}$　　：分配関数　$Z = \sum e^{-\beta E_j}$　　(7.21)

③大正準集団（グランドカノニカル分布）

体系数　$M_{ij} = e^{-\alpha - \beta E_{ij} - \gamma N_i}$

全体係数　$M = \sum M_{ij} = \sum e^{-\alpha - \beta E_{ij} - \gamma N_i}$

出現確率　$\rho = \dfrac{M_{ij}}{M} = \dfrac{e^{-\alpha - \beta E_{ij} - \gamma N_i}}{\sum e^{-\alpha - \beta E_{ij} - \gamma N_i}} = \dfrac{e^{-\beta \varepsilon_{ij} - \gamma N_i}}{\sum e^{-\beta \varepsilon_{ij} - \gamma N_i}}$　　(7.22)

出現確率　$\rho = \dfrac{e^{-\beta E_{ij} - \gamma N_i}}{Z}$：分配関数　$Z = \sum e^{-\beta E_{ij} - \gamma N_i}$　　(7.23)

7.2 各集団と熱力学の関係

A 未定乗数 β の決定

前章の (6.48) 式の**ボルツマンの関係式**を取り上げる。

(6.48) 式　$S = k \log W$

ここで，$\log W$ は，各集団で以下のように書ける。

小正準集団 (7.1) 式	$\log W = N \log N - \sum_j N_j \log \dfrac{N_j}{\Delta_j}$
正準集団 (7.6) 式	$\log W = M \log M - \sum_j M_j \log M_j$
大正準集団 (7.14) 式	$\log W = M \log M - \sum_{i,j} M_{ij} \log M_{ij}$

また，N_j, M_j, M_{ij} を代入すると，それぞれ，

(7.3) 式より　$\log \dfrac{N_j}{\Delta_j} = -\alpha - \beta \varepsilon_j$　$\therefore \sum_j N_j \log \dfrac{N_j}{\Delta_j} = -\alpha N - \beta E$　(7.24)

(7.10) 式より　$\log M_j = -\alpha - \beta E_j$　$\therefore \sum_j M_j \log M_j = -\alpha M - \beta E$　(7.25)

(7.17) 式より　$\log M_{ij} = -\alpha - \beta E_{ij} - \gamma N_i$

$$\therefore \sum_{i,j} M_{ij} \log M_{ij} = -\alpha M - \beta E - \gamma N \tag{7.26}$$

であるから，

$\log W = N \log N + \alpha N + \beta E$

$\log W = M \log M + \alpha M + \beta E$

$\log W = M \log M + \alpha M + \beta E + \gamma N$

これより，各集団におけるエントロピー S は，ボルツマンの関係式より，

$$S = k(N\log N + \alpha N + \beta E) \tag{7.27}$$

$$S = k(M\log M + \alpha M + \beta E) \tag{7.28}$$

$$S = k(M\log M + \alpha M + \beta E + \gamma N) \tag{7.29}$$

となる．したがって，いずれの場合も，

$$\frac{\partial S}{\partial E} = k\beta \quad (体積\ V,\ 粒子数\ N は一定) \tag{7.30}$$

となる．

ここで，熱力学の第 1 法則 (4.34) 式で，内部エネルギー U を E におきかえて，

$$TdS = dE + pdV \tag{7.31}$$

これより，

$$\left(\frac{\partial S}{\partial E}\right)_V = \frac{1}{T} \tag{7.32}$$

となるので，(7.30) 式と比較して，

$$k\beta = \frac{1}{T} \quad \therefore \quad \beta = \frac{1}{kT} \tag{7.33}$$

となり，(6.44) 式と一致することがわかる．絶対温度 T を (7.32) 式のようにとらえることは，熱力学と統計力学を結ぶうえで重要なことである．

B 正準集団とヘルムホルツの自由エネルギー

ヘルムホルツの自由エネルギーについて，**例題 5-3** の結果より，

$$U = F - T\left(\frac{\partial F}{\partial T}\right)_V = -T^2\left[\frac{\partial}{\partial T}\left(\frac{F}{T}\right)\right]_V \tag{7.34}$$

これより，

$$d\left(\frac{F}{T}\right) = -U\frac{dT}{T^2} \tag{7.35}$$

と書ける．ここで，熱力学における内部エネルギーは粒子の力学的エネルギーの総和で定義されているので，統計的にみれば，その系の平均エネルギー $\langle E \rangle$ と考えられる．したがって，上式を，

$$d\left(\frac{F}{T}\right) = -\langle E \rangle \frac{dT}{T^2} \tag{7.36}$$

と書き直す．ここで，統計的に考えると $\langle E \rangle$ は，正準集団では，

$$\langle E \rangle = \frac{\sum_j E_j e^{-\beta E_j}}{\sum_j e^{-\beta E_j}} = \frac{1}{Z}\sum_j E_j e^{-\beta E_j} = -\frac{\partial}{\partial \beta}\log Z \tag{7.37}$$

これより，

$$d(\log Z) = -\langle E \rangle d\beta \tag{7.38}$$

ここで，

$$\beta = \frac{1}{kT} \quad \therefore \quad d\beta = -\frac{dT}{kT^2} \tag{7.39}$$

であるから，(7.38) 式は，

$$d(\log Z) = \langle E \rangle \frac{dT}{kT^2} \tag{7.40}$$

この式と，熱力学で得られた (7.36) 式を比較すると，

$$F = -kT\log Z \tag{7.41}$$

が得られる。これは，熱力学と統計力学を結ぶうえで重要な式である。

C 大正準集団における γ の意味

(7.23)式で与えられる大正準集団における分配関数 Z から考えよう。

(7.23)式　分配関数　$Z = \sum_{i,j} e^{-\beta E_{ij} - \gamma N_i}$

ここで，体積 V を一定にして β，γ を微小変化させた場合の $\log Z$ の変化を計算すると，

$$\begin{aligned}
d(\log Z) &= \frac{dZ}{Z} = \frac{\left(\frac{\partial Z}{\partial \beta}\right)d\beta + \left(\frac{\partial Z}{\partial \gamma}\right)d\gamma}{Z} \\
&= \frac{\sum_{i,j}(-E_{ij})e^{-\beta E_{ij}-\gamma N_i}d\beta + \sum_{i,j}(-N_i)e^{-\beta E_{ij}-\gamma N_i}d\gamma}{\sum_{i,j}e^{-\beta E_{ij}-\gamma N_i}} \\
&= \frac{-\sum_{i,j}E_{ij}e^{-\beta E_{ij}}d\beta - \sum_{i,j}N_i e^{-\beta E_{ij}}d\gamma}{\sum_{i,j}e^{-\beta E_{ij}}} \\
&= -\langle E \rangle d\beta - \langle N \rangle d\gamma \\
&= \frac{\langle E \rangle}{kT^2}dT - \langle N \rangle d\gamma \quad (\because (7.39)\text{式})
\end{aligned} \tag{7.42}$$

ここで，ヘルムホルツおよびギブスの自由エネルギーの式より，

(5.15)式　$F = U - TS$，　(5.23)式　$G = F + pV$

であるから，化学ポテンシャル $\mu = G/N$ より

7 統計集団

$$G = \mu N = U - TS + pV \quad \therefore \quad pV = TS - U + \mu N \tag{7.43}$$

これより，U を E におきかえて

$$d\left(\frac{pV}{T}\right) = \frac{E}{T^2}dT + \frac{p}{T}dV + Nd\left(\frac{\mu}{T}\right) \tag{7.44}$$

（この式の導出は**例題 7-4** 参照）ここで，両辺を k で割り，さらに体積一定であるから，

$$d\left(\frac{pV}{kT}\right) = \frac{E}{kT^2}dT + Nd\left(\frac{\mu}{kT}\right) \tag{7.45}$$

これを (7.42) 式と対応させて，

$$\log Z = \frac{pV}{kT}, \quad \gamma = -\frac{\mu}{kT} \tag{7.46}$$

の関係式を得る．これより，分配関数を決める γ が決定されただけではなく，統計力学の考え方から導き出される分配関数 Z と，熱力学における圧力 p，体積 V，絶対温度 T の関係が得られたことになる．これは (7.41) 式と並んで熱力学と統計力学を結ぶうえで重要な式である．

気体の分子運動論とマクスウェル　　COLUMN ★

マクスウェル（Maxwell，1831 ～ 1879）は，気体の分子運動論から，

気体分子は，温度が高くなるとその運動が激しくなり，平均運動エネルギーが絶対温度に比例する

ことを理論的に導いた．これより，実験によって発見された**ボイル・シャルルの法則**を説明することに成功した．また，このことより，分子運動の激しくない分子と，激しい分子が混ざると分子の平均運動エネルギーが平均化されることもわかる．これは，熱力学の第 2 法則をミクロな立場から説明したことに他ならない．

彼は，**マクスウェルの魔物**とよばれる想像上の存在をもちいて，熱力学の第 2 法則について次のような説明を試みた．この魔物は，気体の分子の速さを即座に見分ける能力をもつ．たとえば，2 つの容器に小さな扉をつけ，容器内の速さの大きい気体分子が扉に衝突しようとしたときだけ扉を開けることができる．もしこの魔物が存在するならば，片方の容器だけ温度の高い状態にできることになる．当然，実際にはこのよう魔物は存在しない．熱平衡に対するこのような面白い仮説を立て，熱力学の第 2 法則を説明したのである．

7.2 各集団と熱力学の関係

● 分配関数 Z について

例として，大正準集団で考えてみよう．大正準集団における状態の出現確率は

$$\rho = \frac{e^{-\beta E_{ij} - \gamma N_i}}{Z}$$

と書けるが，このときの Z のことを分配関数とよぶ．これは ρ が確率であるので，j についてすべての ρ の和をとると，次式に示すように 1 になる．

$$1 = \sum_j \rho = \frac{\sum_j e^{-\beta E_j}}{Z}$$

この式から，$Z = \sum e^{-\beta E_j}$ と考えることもできる．

このことからわかるのは，分配関数は確率を規格化するうえで重要な量である，ということである．しかし，単にそれだけの意味ではなく，後述する (7.41) 式や (7.46) 式で表されるように，熱力学における F，T や p，V と密接な関係があり，熱力学と統計力学を結びつける重要な橋渡し役となっている量なのである．

熱力学と統計力学の関係　　COLUMN ★

熱力学は，熱力学の第 1～3 法則に基づいて熱平衡状態にある系の性質について考える．このとき，経験法則を抽象化し，ミクロな構造に立ち入ることはない．たとえば気体を考えても，熱力学量である圧力，体積，温度の関係式である状態方程式は，決してミクロ構造にまで立ち入ってつくられた式ではなく，経験法則に基づいたボイル・シャルルの法則が基本になっている．

一方，ミクロな構造にまで立ち入って体系の状態を表そうとするのが統計力学である．圧力や温度などをミクロな構造から説明し，熱力学との関わりを明確にすることも統計力学の一つの目的である．熱力学の第 1 法則は，エネルギー保存則であるからミクロであろうとマクロであろうと統計力学で得られる結論が第 1 法則に従うのは当然である．第 2 法則は，確率論で議論すればよい．これは，エントロピーを考えると容易に理解できる．エントロピー増大の原理から，エントロピーが減少するような状態変化が起こる確率は，体系が大きくなればなるほど 0 に等しい，ということになる．

我々の観測対象となる状態は，マクロに見ると一つの状態でも，ミクロに見ると非常に多くの粒子からなっている．これらを統計的に扱うことで，体系の観測される性質を理論的に導こうとするのが統計力学なのである．このように考えると，気体の分子運動論は，熱力学と統計力学の橋渡しとなっていることも理解できる．

例題 7-1　熱容量およびエントロピー

熱容量 C_V を β, $\langle E \rangle$, k を用いて表しなさい。また，エントロピー S を β, k, F を用いて表しなさい。

● 解答

(7.39) 式より　$\beta = \dfrac{1}{kT}, \quad d\beta = -\dfrac{1}{kT^2}dT$　となるので，熱容量は，

$$C_V = \frac{\partial \langle E \rangle}{\partial T} = \frac{\partial \langle E \rangle}{\partial \beta}\frac{\partial \beta}{\partial T} = -\frac{1}{kT^2}\frac{\partial \langle E \rangle}{\partial \beta} = -k\beta^2 \frac{\partial \langle E \rangle}{\partial \beta}$$

また，(5.15) 式で $U \longrightarrow \langle E \rangle$ と置き換えて　$F = \langle E \rangle - TS$ より　$S = -\dfrac{\partial F}{\partial T}$ なので

$$S = -\frac{\partial F}{\partial T} = -\frac{\partial F}{\partial \beta} \cdot -\frac{\partial \beta}{\partial T} = \frac{1}{kT^2}\frac{\partial F}{\partial \beta} = k\beta^2 \frac{\partial F}{\partial \beta}$$

例題 7-2　正準集団とエントロピー

体積一定として考える。(7.41) 式：$F = -kT\log Z$ を用いて，エントロピー S を正準集団の分配関数 Z を含む式で表しなさい。

● 解答

体積一定として考えると，(5.15) 式より $F = \langle E \rangle - TS$ なので　$S = -\left(\dfrac{\partial F}{\partial T}\right)_V$

ここで題意より，$F = -kT\log Z$ であるから

$$S = -\left(\frac{\partial F}{\partial T}\right)_V = -\left\{\frac{\partial}{\partial T}(-kT\log Z)\right\}_V = k\log Z + kT\left(\frac{\partial \log Z}{\partial T}\right)_V$$

例題 7-3　大正準集団と自由エネルギー

大正準集団の分配関数を Z として，ヘルムホルツの自由エネルギーが，

$$F = \mu N - kT\log Z, \quad N = kT\left(\frac{\partial}{\partial \mu}\log Z\right)$$

と表されることを示しなさい。

● 解答

(5.23) 式より，$G = F + pV$ より $F = G - pV$。また，$\mu = G/N$ より $G = \mu N$。
よって，$F = \mu N - pV$

ここで (7.46) 式より $\log Z = \dfrac{pV}{kT}$ であるから

$$pV = kT\log Z \quad \therefore \quad F = \mu N - kT\log Z$$

また，(7.42) 式より $d(\log Z) = \dfrac{E}{kT^2}dT - Nd\gamma$ なので

$$\frac{\partial}{\partial \gamma}\log Z = -N \quad \therefore \quad N = -\frac{\partial}{\partial \gamma}\log Z$$

ここで (7.46) 式より $\gamma = -\dfrac{\mu}{kT}$ なので $\mu = -kT\gamma \quad \therefore \quad \dfrac{\partial \mu}{\partial \gamma} = -kT$

以上より

$$N = -\frac{\partial}{\partial \gamma}\log Z = -\frac{\partial}{\partial \mu}\frac{\partial \mu}{\partial \gamma}\log Z = kT\left(\frac{\partial}{\partial \mu}\log Z\right)$$

●例題 7-4　(7.44) 式の導出

(7.44) 式： $d\left(\dfrac{pV}{T}\right) = \dfrac{E}{T^2}dT + \dfrac{p}{T}dV + Nd\left(\dfrac{\mu}{T}\right)$ を導出しなさい。

●解答

まず，$\dfrac{pV}{T}$ の微分を考える。

$$d\left(\frac{pV}{T}\right) = d(pV)\cdot\frac{1}{T} + pV\cdot d\left(\frac{1}{T}\right) = \frac{d(pV)}{T} - \frac{pV}{T^2}dT$$

ここで，(7.43) 式より $pV = TS - U + \mu N$　この両辺の微分を考えると次のようになる。

$$d(pV) = (dT)S + T(dS) - dU + Nd\mu = SdT + pdV + Nd\mu \qquad ①$$

ここで，熱力学の第 1 法則より，(5.3) 式を用いた。よって，①式で U を E に置き換えて，

$$d\left(\frac{pV}{T}\right) = \frac{SdT}{T} + \frac{pdV}{T} + \frac{Nd\mu}{T} - \left(\frac{S}{T} - \frac{E}{T^2} + \frac{\mu N}{T^2}\right)dT$$

$$= \frac{E}{T^2}dT + \frac{pdV}{T} + Nd\left(\frac{\mu}{T}\right)$$

演習問題

7-1

正準集団における分配関数を $Z(N, V, T)$ と書く。このとき、ヘルムホルツの自由エネルギーは、

$$F(N, V, T) = -kT \log Z(N, V, T)$$

と書ける。以下の問いに答えなさい。

(1) 内部エネルギー $\langle E \rangle$ が、

$$\langle E \rangle = kT^2 \left(\frac{\partial \log Z}{\partial T} \right)_{V, N}$$

と表されることを示しなさい。

(2) 圧力 p が、

$$p = kT \left(\frac{\partial \log Z}{\partial V} \right)_{T, N}$$

と表されることを示しなさい。

7-2

大正準集団における分配関数を $Z(V, T, \mu)$ と書く。このときエントロピー S は、正準集団の場合（例題7-2）と同様に、

$$S = kT \left(\frac{\partial \log Z}{\partial T} \right)_{V, \mu} + k \log Z$$

で表されることを、以下の手順に沿って示しなさい。

(1) 熱力学の第1法則、および $G = U - TS + pV$ を用いて、

$$dG = -SdT + Vdp$$

と表せることを示しなさい。

(2) N が一定のとき、$dG = Nd\mu$ と書けることを用いて

$$d(pV) = SdT + Nd\mu + pdV$$

と表されることを示しなさい。

(3) (7.46) 式より、$pV = kT \log Z$ と書ける。これより題意を証明しなさい。

7-3

小正準集団において、エントロピー S をボルツマンの関係式より、次式のように表せる。

$$S(N, V, U) = k \log W(N, V, U)$$

(1) 熱力学の第1法則を用いて、$\left(\dfrac{\partial \log W}{\partial U} \right)_{V, N}$ を求めなさい。

(2) 熱力学の第1法則を用いて、$\left(\dfrac{\partial \log W}{\partial V} \right)_{U, N}$ を求めなさい。

8. 量子統計の基礎
THE BASIS OF QUANTUM STATISTICAL MECHANICS

　前章では体系を取り扱って統計力学を考えた。一方，量子力学の世界では，体系のもつエネルギーが連続量ではなく，離散的な値をとる。体系がとりうるエネルギー準位を考慮し，これを前章と同様に統計力学として扱うことで，ボーズ・アインシュタイン統計，フェルミ・ディラック統計が説明される。

8.1 量子統計

A ボーズ粒子とフェルミ粒子

　量子力学によると，ある1つのエネルギー準位に対して，粒子の準位の取り方が2種類存在する。これは，シュレーディンガー方程式の解である波動関数が2種類あることによるものである。この2種とは，

> ① 1つの準位に対して，何個でも粒子が入ることが可能な場合　　図8.1
> ② 1つの準位に対して，1個の粒子しか入ることが許されない場合　図8.2

である。①を**ボーズ粒子**（**ボゾン**ということもある），②を**フェルミ粒子**（**フェルミオン**ということもある）とよんでいる。①の例としては，フォトン（光子），フォノン（音子。振動を量子化したもの），②の例としては，電子，中性子，陽子などがあげられる。また，②のように，1個の粒子が1つの準位にあり，他の粒子がこの準位に入ることができないことを，**パウリの排他律**とよんでいる。

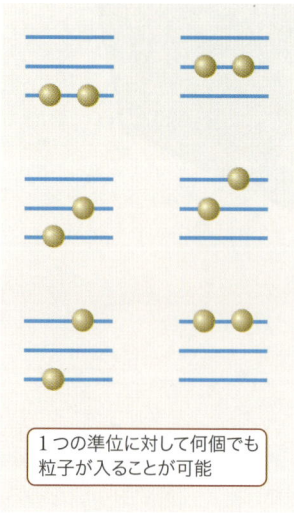

1つの準位に対して何個でも粒子が入ることが可能

1つの準位に対して1個の粒子のみ入ることが可能

図8.1　ボーズ粒子とエネルギー準位 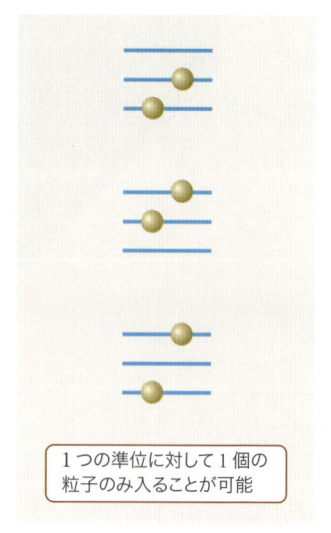　　　図8.2　フェルミ粒子とエネルギー準位

B 小正準集団としてのボーズ・アインシュタイン分布

小正準集団として取り扱うと，ボーズ粒子では，重複を許して配分されるので，

| 粒子数 N_j | エネルギー ε_j | 状態数 Δ_j |

として，見分けのつかない N_j 個のものを Δ_j のところに配分する場合の数は，

$$W_{\mathrm{BE}} = \prod_j \frac{(\Delta_j + N_j - 1)!}{N_j!(\Delta_j - 1)!} \tag{8.1}$$

となる（添え字の BE は，ボーズ・アインシュタイン統計を表す）。**図 8.1** は，$N=2$，$\Delta=3$ の例である。また，条件として，前章と同様に，

$$N = \sum_j N_j \quad \left(\delta N = \sum_j \delta N_j = 0\right) \tag{8.2}$$

$$E = \sum_j N_j \varepsilon_j \quad \left(\delta E = \sum_j \delta N_j \varepsilon_j = 0\right) \tag{8.3}$$

を考える。(8.1) 式の対数をとり，スターリングの公式を用いると以下のようになる。ただし，ここでは，$\Delta_j \gg 1$ であるから，$\Delta_j - 1 = \Delta_j$ として計算した。

$$\begin{aligned}
\log W_{\mathrm{BE}} &= \sum_j \log \frac{(\Delta_j + N_j - 1)!}{N_j!(\Delta_j - 1)!} \\
&= \sum_j \log \frac{(\Delta_j + N_j)!}{N_j!\Delta_j!} \\
&= \sum_j \{(\Delta_j + N_j)\log(\Delta_j + N_j) - N_j \log N_j - \Delta_j \log \Delta_j\}
\end{aligned} \tag{8.4}$$

ここで，極値条件は，

$$\delta \log W_{\mathrm{BE}} = \sum_j \{\log(\Delta_j + N_j) - \log N_j\} \delta N_j = 0 \tag{8.5}$$

(8.2)，(8.3) 式の条件およびラグランジュの未定乗数 α，β を用いて，

8 量子統計の基礎

$$\sum_j \{\log(\Delta_j + N_j) - \log N_j - \alpha - \beta\varepsilon_j\}\delta N_j = 0 \tag{8.6}$$

$$\therefore \ \log(\Delta_j + N_j) - \log N_j - \alpha - \beta\varepsilon_j = 0 \tag{8.7}$$

$$\therefore \ \log\frac{\Delta_j + N_j}{N_j} = \alpha + \beta\varepsilon_j \tag{8.8}$$

これより，ボーズ粒子の平衡分布を表す式は，

$$N_j = \frac{\Delta_j}{e^{\alpha + \beta\varepsilon_j} - 1} \tag{8.9}$$

となる。このような分布を**ボーズ・アインシュタイン分布**という。

C 小正準集団としてのフェルミ・ディラック分布

フェルミ粒子では，N_j 個のものを，重複を許さないで Δ_j 個に分配するので，その分配の場合の数は，

$$W_{\text{FD}} = \prod_j \frac{\Delta_j!}{N_j!(\Delta_j - N_j)!} \tag{8.10}$$

となる（添え字の FD は，フェルミ・ディラック統計を表す）。図 8.2 は，先と同様，$N=2$，$\Delta=3$ の例である。

ボーズ粒子と同様の条件のもとで，(8.2)式，(8.3)式を考える。すると，先と全く同じ要領で計算して，極値条件は，

$$\delta\log W_{\text{FD}} = \sum_j \{\log(\Delta_j - N_j) - \log N_j\}\delta N_j = 0 \tag{8.11}$$

ラグランジュの未定乗数 α，β を用いて，

$$\log\frac{\Delta_j - N_j}{N_j} = \alpha + \beta\varepsilon_j \tag{8.12}$$

これより，フェルミ粒子の平衡分布を表す式は，

$$N_j = \frac{\Delta_j}{e^{\alpha + \beta \varepsilon_j} + 1} \tag{8.13}$$

となる．このような分布を**フェルミ・ディラック分布**という．

ボーズ・アインシュタイン凝縮　COLUMN ★

　物質を構成する粒子は，極低温においてきわめて興味深い振る舞いをする．とくに，絶対零度に近づくと多くの粒子が基底状態となり，このことから超流動や超伝導現象が説明される．超流動とは，極低温の液体ヘリウムが，粘性などによるエネルギー損失なしに流れる現象であり，超伝導とは，電気抵抗がゼロになる現象である．

　ボーズ・アインシュタイン統計に従う粒子，たとえばフォトンやフォノンは，本文でも述べたように，1つの準位に対して何個でも粒子が入ることが可能なものである．しかし，極低温になると，ほとんどの粒子が基底状態になり，各粒子が同じ状態の個性のないものたちの集団ということになる．このことを，『ボーズ・アインシュタイン凝縮』とよんでいる．

ボーズ (Bose, 1894 〜 1974)，フェルミ (Fermi, 1901 〜 1954) ★

ボーズ

　インドの理論物理学者．アインシュタインと共同で，ボーズ・アインシュタイン統計をつくり上げ，超流動や超伝導解明への足がかりをつくる．ダッカ，カルカッタ大学教授．物理学のさまざまな分野に対して，持ち前の数学力でさまざまな仮説やモデルを用いて現実世界の解明に尽力した．

フェルミ

　イタリアの物理学者．パウリの排他律に従うフェルミ・ディラック統計をつくり上げた．『湾曲した結晶のX線解析』で博士号取得．人工放射性元素の生成に関する研究に対してノーベル物理学賞が贈られた．戦後は，巨大な加速器を用いて高エネルギー物理学の研究も手がけた．

8.2 大正準集団としての統計

A 分配関数と分布

前節では小正準集団での分布を考えたが，ここでは大正準集団の分配関数からその分布を考えてみる．(7.23) 式より，

$$\text{分配関数} \quad Z = \sum_{i,j} e^{-\beta E_{ij} - \gamma N_i} \tag{8.14}$$

ここで，

$$\beta = \frac{1}{kT}, \quad \gamma = -\frac{\mu}{kT} = -\beta\mu \tag{8.15}$$

より，

$$Z = \sum_{i,j} e^{-\beta(E_{ij} - \mu N_j)} \tag{8.16}$$

これを計算するために，まず

$$\sum_i n_i = N$$

を満足する粒子数分布についての和を実行し，その次に j に関しては，n_j についての和と考えると，

$$E = \sum_i \varepsilon_j n_j, \quad N = \sum_j n_j$$

の関係を用いて，

$$Z = \sum_{n_j} e^{-\beta(\sum \varepsilon_j n_j - \sum \mu n_j)} \tag{8.17}$$

$$= \sum_{n_j} \prod_j e^{-\beta(\varepsilon_j - \mu)n_j} \tag{8.18}$$

ここで，

① ボーズ粒子　　$n_j = 0, 1, \cdots, \infty$ 　　　(8.19)

② フェルミ粒子　$n_j = 0, 1$ 　　　(8.20)

であるから，(8.18) 式を計算して，(①では，無限等比級数の和を利用)

① $\quad Z_{\mathrm{BE}} = \prod_j \left\{ \dfrac{1}{1 - e^{-\beta(\varepsilon_j - \mu)}} \right\}^{+1}$ (8.21)

② $\quad Z_{\mathrm{FD}} = \prod_j \left\{ \dfrac{1}{1 + e^{-\beta(\varepsilon_j - \mu)}} \right\}^{-1}$ (8.22)

となり，それぞれの分布に関する分配関数が得られる．また，粒子の分布については，(8.17) 式を用いて，

$$\langle n_j \rangle = \dfrac{\sum_j n_j e^{-\beta(\sum \varepsilon_j n_j - \sum \mu n_j)}}{\sum_j e^{-\beta(\sum \varepsilon_j n_j - \sum \mu n_j)}} \tag{8.23}$$

したがって，分配関数のときと同様に計算して，(8.19)，(8.20) 式の条件より

① $\quad \langle n_j \rangle = \dfrac{1}{e^{\beta(\varepsilon_j - \mu)} - 1}$ (8.24)

② $\quad \langle n_j \rangle = \dfrac{1}{e^{\beta(\varepsilon_j - \mu)} + 1}$ (8.25)

B 統計の種類とまとめ

第6章で学んだ，マクスウェル・ボルツマンの速度分布（マクスウェル・ボルツマン統計という）と，前項 A で学んだ2つの統計の関係を考えてみる．(8.24), (8.25) 式をまとめて，

$$\langle n_j \rangle = \dfrac{1}{e^{\beta(\varepsilon_j - \mu)} \pm 1} \tag{8.26}$$

と書く．ここで，$\beta(\varepsilon_j - \mu)$ が非常に大きい場合を考える．これは，$\langle n_j \rangle$ が非常に小さい，すなわち気体が十分希薄なときの式となる．この近似を考えると，(8.26) 式は，

$$\langle n_j \rangle = \dfrac{1}{e^{\beta(\varepsilon_j - \mu)}} = e^{-\beta(\varepsilon_j - \mu)} \tag{8.27}$$

と書ける．ここで，

8 量子統計の基礎

$$A = e^{\beta\mu} \tag{8.28}$$

とおくと，

$$\langle n_j \rangle = A e^{-\beta\varepsilon_j} \tag{8.29}$$

となり，マクスウェル・ボルツマン統計の式（(6.40) 式，(6.41) 式））となる。

以上の結果をまとめてみる。

① ボーズ・アインシュタイン統計（B・E と略す）
② フェルミ・ディラック統計　　（F・D と略す）
③ マクスウェル・ボルツマン統計（M・B と略す）

として以下の量を列記しておく。

粒子数の分布状態（大正準集団）

$$\text{① B·E}\quad \langle n_j \rangle = \frac{1}{e^{\beta(\varepsilon_j - \mu)} - 1} \tag{8.30}$$

$$\text{② F·D}\quad \langle n_j \rangle = \frac{1}{e^{\beta(\varepsilon_j - \mu)} + 1} \tag{8.31}$$

$$\text{③ M·B}\quad \langle n_j \rangle = e^{-\beta(\varepsilon_j - \mu)} \tag{8.32}$$

$\log Z (= pV/kT)$

$$\text{① B·E}\quad \log Z = -\sum \log\left(1 - e^{-\beta(\varepsilon_j - \mu)}\right) \tag{8.33}$$

$$\text{② F·D}\quad \log Z = \sum \log\left(1 + e^{-\beta(\varepsilon_j - \mu)}\right) \tag{8.34}$$

$$\text{③ M·B}\quad \log Z = \sum e^{-\beta(\varepsilon_j - \mu)} \tag{8.35}$$

これらによって，さまざまな熱力学量が計算できることになる。

アインシュタイン（Einstein, 1879〜1955）

1879年，ドイツでユダヤ人の子として生まれる。3歳を過ぎる頃まで思うようにしゃべることができず，非常に内気であった。5歳の頃，父からもらった磁針コンパスに興味を示し，いつも同じ方向を指す磁針を見て，この世界は何か計り知れない法則の中にあると実感したといわれている。学校に入ってからは，ユークリッド幾何学の論理の明快さに感銘を受け数学にとくに興味をもつが，地理，歴史などにはあまり興味を示さず，単位を落とすなどしている。大学受験にも失敗，一浪の末，スイス連邦工科大学に入学する。卒業時には，大学の助手を希望したが，担当教授の推薦を受けられずに断念，ベルンのスイス特許局の申請検査官となる（1902年）。

そして，物理界では奇跡の年といわれる1905年，**『光電効果』『ブラウン運動』『特殊相対性理論』**の3つの論文を書き上げ一躍話題の人となる。特許局を退職後，チューリッヒ大学，プラハ大学，スイス連邦工科大学を転々とする。1921年，光電効果に対してノーベル賞を受賞。

1933年，アメリカに亡命，プリンストン大学高級研究所の教授となる。この亡命は，彼がユダヤ人であったことから，ナチスドイツに命を狙われることとなったためである。ナチスドイツが，原爆開発の研究を行っている噂を聞いたアインシュタインは，アメリカ大統領（ルーズベルト）に原爆開発を提言する。これによって，日本への原爆投下という悲劇が起こった。親日家であったアインシュタインはひどく心を痛め，学会で同席した湯川秀樹博士に，深々とお辞儀をして謝ったといわれている。以後，死ぬまで，核兵器廃絶を訴え続けた。

例題8-1　分配関数と粒子数分布

大正準集団の分配関数を Z とするとき，エントロピー S は，

$$S = kT\left(\frac{\partial \log Z}{\partial T}\right)_{V,\mu} + k\log Z \quad ①$$

で与えられる。

(1)　①式を証明しなさい。
(2)　①を用いて，B・E，F・D，M・B の各統計におけるエントロピー S を計算しなさい。

● 解答

(1)　(5.15)式 $F = U - TS$，(5.23)式 $G = F + pV$ より

$$G = U - TS + pV \quad \text{ただし } G = \mu N$$

$$\therefore \, pV = TS - U + \mu N$$

$$\therefore \, d(pV) = TdS + SdT - dU + Nd\mu$$

$$= SdT + pdV + Nd\mu \quad (\because TdS = dU + pdV)$$

$$\therefore \left\{\frac{\partial(pV)}{\partial T}\right\}_{V,\mu} = S$$

ここで，(7.46)式より，$\dfrac{pV}{kT} = \log Z$ より　$pV = kT\log Z$

$$\therefore \, \frac{\partial(pV)}{\partial T} = kT\left(\frac{\partial \log Z}{\partial T}\right)_{V,\mu} + k\log Z$$

$$\therefore \, S = kT\left(\frac{\partial \log Z}{\partial T}\right)_{V,\mu} + k\log Z$$

(2)　(8.15)式より

$$\frac{\partial \beta}{\partial T} = -\frac{1}{kT^2}, \qquad \frac{1}{T} = k\beta \qquad \text{であるから}$$

$$kT\left(\frac{\partial \log Z}{\partial T}\right) = kT\frac{\partial \log Z}{\partial \beta}\frac{\partial \beta}{\partial T} = -\frac{1}{T}\frac{\partial \log Z}{\partial \beta} = -k\beta\frac{\partial \log Z}{\partial \beta}$$

B・E：(8.33)式より　$\log Z = -\sum \log(1 - e^{-\beta(\varepsilon_j - \mu)})$

であるから

$$\frac{\partial \log Z}{\partial \beta} = -\sum \frac{e^{-\beta(\varepsilon_j - \mu)} \cdot (\varepsilon_j - \mu)}{1 - e^{-\beta(\varepsilon_j - \mu)}}$$

$$= -\sum \frac{\varepsilon_j - \mu}{e^{\beta(\varepsilon_j - \mu)} - 1}$$

$$\therefore \quad -k\beta \frac{\partial \log Z}{\partial \beta} = k\sum \frac{\beta(\varepsilon_j - \mu)}{e^{\beta(\varepsilon_j - \mu)} - 1}$$

$$\therefore \quad S = kT\left(\frac{\partial Z \log Z}{\partial T}\right) + k \log Z$$

$$= k\sum \frac{\beta(\varepsilon_j - \mu)}{e^{\beta(\varepsilon_j - \mu)} - 1} - k\sum \log\{1 - e^{-\beta(\varepsilon_j - \mu)}\}$$

F・D，M・B も同様にして

F・D：(8.34) 式より　　$S = k\sum_j \dfrac{\beta(\varepsilon_j - \mu)}{e^{\beta(\varepsilon_j - \mu)} + 1} + k\sum_j \log\{1 + e^{-\beta(\varepsilon_j - \mu)}\}$

M・B：(8.35) 式より　　$S = \sum_j \dfrac{(\varepsilon_j - \mu)}{T} e^{-\beta(\varepsilon_j - \mu)} + k\sum_j e^{-\beta(\varepsilon_j - \mu)}$

例題8-2　大正準集団の自由エネルギー

B・E，F・D，M・B の各統計におけるヘルムホルツの自由エネルギー F を計算しなさい。

●解答

(5.23) 式より　$G = F + pV$　$\therefore$　$F = G - pV = N\mu - pV$

　　$pV = kT \log Z$ より　　$F = N\mu - kT \log Z$

$\therefore$　B・E：(8.33) 式より　　$F = N\mu + kT\sum_j \log\{1 - e^{-\beta(\varepsilon_j - \mu)}\}$

　　F・D：(8.34) 式より　　$F = N\mu - kT\sum_j \log\{1 + e^{-\beta(\varepsilon_j - \mu)}\}$

　　M・B：(8.35) 式より　　$F = N\mu - kT\sum_j e^{-\beta(\varepsilon_j - \mu)}$

演習問題

8-1
例題 8-1 で得られたエントロピー S に対する B・E, F・D, M・B 各統計それぞれの場合を用いて, 以下の式が成立することを示しなさい.

◎ボーズ・アインシュタイン統計 (B・E)

$$S = -k\sum \{\langle n_j\rangle \log\langle n_j\rangle - (1+\langle n_j\rangle)\log(1+\langle n_j\rangle)\}$$

◎フェルミ・ディラック統計 (F・D)

$$S = -k\sum \{\langle n_j\rangle \log\langle n_j\rangle + (1-\langle n_j\rangle)\log(1-\langle n_j\rangle)\}$$

◎マクスウェル・ボルツマン統計 (M・B)

$$S = -k\sum \{\langle n_j\rangle \log\langle n_j\rangle - \langle n_j\rangle\}$$

8-2
大正準集団を用いて, 内部エネルギー U を考える. これを求めるために, 熱力学の式

$$U = F + TS$$

を用い, F および S に関しては, 例題 8-1, 例題 8-2 を利用する. このとき, 内部エネルギーが各統計において以下のように表されることを示しなさい.

◎ボーズ・アインシュタイン統計 (B・E)

$$U = \sum_j \frac{\varepsilon_j}{e^{\beta(\varepsilon_j - \mu)} - 1}$$

◎フェルミ・ディラック統計 (F・D)

$$U = \sum_j \frac{\varepsilon_j}{e^{\beta(\varepsilon_j - \mu)} + 1}$$

◎マクスウェル・ボルツマン統計 (M・B)

$$U = \sum_j \varepsilon_j \cdot e^{-\beta(\varepsilon_j - \mu)}$$

付録

1. 偏微分と全微分

(1) 偏微分

任意の関数 f が独立変数 x, y による関数 $f(x, y)$ であるとき，$f(x, y)$ の x に対する変化率を計算するためには，y を固定して考える。すなわち，

$$\left(\frac{\partial f}{\partial x}\right)_y = \lim_{\Delta x \to 0} \frac{f(x+\Delta x,\ y) - f(x,\ y)}{\Delta x}$$

で定義され，これを「f を x で偏微分する」という。たとえば，

$$f(x,\ y) = 3x^2 + 4y^3 + y$$

のとき，

$$\left(\frac{\partial f}{\partial x}\right)_y = 6x, \quad \left(\frac{\partial f}{\partial y}\right)_x = 12y^2 + 1$$

となる。

(2) 全微分

関数 $f(x, y)$ において，x が $x+dx$，y が $y+dy$ に変化したとき，f が df だけ変化すると考える。このとき，

$$df = \frac{\partial f}{\partial x}dx + \frac{\partial f}{\partial y}dy$$

が成立し，これを「f の全微分」という。右辺第1項は $\dfrac{\partial f}{\partial x}$ が f の x に対する変化率，すなわち単位 x あたりの f の変化率を示しているので，$\dfrac{\partial f}{\partial x}dx$ は，x が dx 変化するときの f の変化を示している。

2. スターリングの公式

$N \gg 1$ のとき，$\log N! \fallingdotseq N\log N - N$

(証明) $\quad N! = N \cdot (N-1) \cdot (N-2) \cdots 2 \cdot 1$

であるから

$$\log N! = \log N + \log(N-1) + \log(N-2) + \cdots + \log 2 + \log 1$$

$$= \sum_{n=1}^{N} \log n$$

これを積分におきかえて，

$$\log N! \fallingdotseq \int_1^N \log n = [n\log n - n]_1^N$$

$$= N\log N - N + 1$$

ここで，$N \gg 1$ のとき，1 は無視できて

$$\log N! \fallingdotseq N\log N - N$$

3. 熱・統計力学に必要な積分公式

(1) $\displaystyle\int_0^\infty e^{-ax^2}dx = \frac{1}{2}\sqrt{\frac{\pi}{a}} \quad \left(= \frac{1}{2}\int_{-\infty}^\infty e^{-ax^2}dx\right)$

(2) $\displaystyle\int_0^\infty x^2 e^{-ax^2}dx = \frac{1}{4}\sqrt{\frac{\pi}{a^3}} \quad \left(= \frac{1}{2}\int_{-\infty}^\infty x^2 e^{-ax^2}dx\right)$

使用例：(6.13) 式

$$\int_{-\infty}^\infty \int_{-\infty}^\infty \int_{-\infty}^\infty e^{-av^2}dv_x dv_y dv_z = \left(\sqrt{\frac{\pi}{a}}\right)^3 = \left(\frac{\pi}{a}\right)^{\frac{3}{2}}$$

(3) $\displaystyle\int_0^\infty x^{2n} e^{-ax^2}dx = \frac{1\cdot 3\cdot 5 \cdots (2n-1)}{2^{n+1}a^n}\sqrt{\frac{\pi}{a}}$

(4) $\displaystyle\int_0^\infty x^{2n+1} e^{-ax^2}dx = \frac{n!}{2a^{n+1}}$

4. ラグランジュの未定乗数法

2次元で考える．変数 x, y の関数 $f(x, y)$ が与えられていて，この関数の極値を求めることを考えると，

$$\delta f = \frac{\partial f}{\partial x}\delta x + \frac{\partial f}{\partial y}\delta y = 0$$

が成立すればよい．これより，

$$\frac{\partial f}{\partial x} = \frac{\partial f}{\partial y} = 0 \qquad\qquad ①$$

から f の極値を与える x, y が求められる．ここで条件として，$g(x, y)$ の関数において

$$\delta g(x,\ y) = \frac{\partial g}{\partial x}\delta x + \frac{\partial g}{\partial y}\delta y = 0 \qquad ②$$

が与えられているとする。①,②式より（λ：任意の定数）

$$\left(\frac{\partial f}{\partial x} - \lambda \frac{\partial g}{\partial x}\right)\delta x + \left(\frac{\partial f}{\partial y} - \lambda \frac{\partial g}{\partial y}\right)\delta y = 0$$

δx, δy は独立であるから，これがつねに成立するためには

$$\frac{\partial f}{\partial x} - \lambda \frac{\partial g}{\partial x} = 0, \qquad \frac{\partial f}{\partial y} - \lambda \frac{\partial g}{\partial y} = 0$$

この2式の解，x, y が f の極値を与える x, y である。このとき λ のことを未定乗数という。

演習問題解答

第1章

1-1
求める温度を t °C とする。水の比熱を c J/g·K とおくと熱量の保存則より，
$$20 \times c \times (t-20) = 100 \times c \times (50-t)$$
$$\therefore\ 200t - 4000 = 5000 - 100t$$
$$\therefore\ 300t = 9000 \qquad \therefore\ t = 30\text{°C}$$

1-2

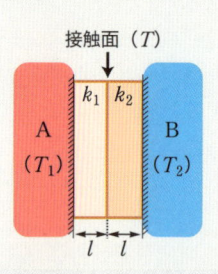

(1) 板の厚さを l とすると，接触面を単位時間あたりに通過する熱量 Q は与えられた式を用いて，
$$Q = k_1 S \frac{T_1 - T}{l}, \qquad Q = k_2 S \frac{T - T_2}{l}$$
(S：板の断面積，T：接触面の温度)
$$\therefore\ k_1(T_1 - T) = k_2(T - T_2),$$
$$\therefore\ T = \frac{k_1 T_1 + k_2 T_2}{k_1 + k_2}$$

(2) 求める q は
$$q = \frac{Q}{S} = k_1 \frac{T_1 - T}{D}$$
に等しい。この式に (1) の T を代入して，
$$q = \frac{k_1 k_2}{D(k_1 + k_2)}(T_1 - T_2)$$

1-3
液体 A と容器が得た熱量は，$(m_1 c_1 + C)(T - T_1)$
物体 B が失った熱量は，$m_2 c_2 (T_2 - T)$
熱量の保存則より
$$(m_1 c_1 + C)(T - T_1) = m_2 c_2 (T_2 - T)$$
$$\therefore\ T = \frac{(m_1 c_1 + C) T_1 + m_2 c_2 T_2}{m_1 c_1 + m_2 c_2 + C}$$

1-4
$$\beta = \frac{1}{V}\left(\frac{\partial V}{\partial T}\right)_p$$
ここで，密度の定義より，$\rho = \dfrac{M}{V} \quad \therefore\ V = \dfrac{M}{\rho}$

これを代入して，
$$\beta = \frac{\rho}{M} \cdot M \cdot \left(-\frac{1}{\rho^2}\right)\left(\frac{\partial \rho}{\partial T}\right)_p = -\frac{1}{\rho}\left(\frac{\partial \rho}{\partial T}\right)_p$$

$$\kappa = -\frac{1}{V}\left(\frac{\partial V}{\partial p}\right)_T$$

同様に考えて

$$\kappa = -\frac{\rho}{M} \cdot M \cdot \left(-\frac{1}{\rho^2}\right)\left(\frac{\partial \rho}{\partial p}\right)_T = \frac{1}{\rho}\left(\frac{\partial \rho}{\partial p}\right)_T$$

第2章
2-1
最初の状態での状態方程式は，全モル数を n，気体変数を R とすると，

$$p_0 \cdot 2V = nRT_1 \qquad ①$$

状態が変化した後のそれぞれの容器内のモル数を n_1，n_2 とすると，状態方程式は

$$pV = n_1 RT_1, \qquad pV = n_2 RT_2 \qquad ②$$

①より $n = \dfrac{2p_0 V}{RT_1}$，　②より $n_1 = \dfrac{pV}{RT_1}$，　$n_2 = \dfrac{pV}{RT_2}$

ここで，$n = n_1 + n_2$ より

$$\frac{2p_0}{T_1} = \frac{p}{T_1} + \frac{p}{T_2} \qquad \therefore \ p = \frac{T_2}{T_1 + T_2} \cdot 2p_0$$

2-2
与えられた状態方程式より，$T = \dfrac{1}{R}\left(p + \dfrac{a}{V^2}\right)(V - b)$

β の定義を用いて

$$\beta = \frac{1}{V}\left(\frac{\partial V}{\partial T}\right)_p = \frac{1}{V}\frac{1}{\left(\dfrac{\partial T}{\partial V}\right)_p}$$

ここで，

$$\left(\frac{\partial T}{\partial V}\right)_p = \frac{1}{R}\left\{-\frac{2a(V-b)}{V^3} + \frac{pV^2 + a}{V^2}\right\} = \frac{pV^3 - aV + 2ab}{RV^3}$$

$$\therefore \ \beta = \frac{1}{V}\frac{RV^3}{pV^3 - aV + 2ab} = \frac{RV^2}{pV^3 - aV + 2ab}$$

同様に

$$\kappa = -\frac{1}{V}\left(\frac{\partial V}{\partial p}\right)_T = -\frac{1}{V}\frac{1}{\left(\dfrac{\partial p}{\partial V}\right)_T}$$

ここで，

$$\left(\frac{\partial p}{\partial V}\right)_T = \frac{-pV^3 + aV - 2ab}{V^3(V-b)} \quad \text{であるから,}$$

$$\therefore \kappa = -\frac{1}{V}\frac{V^3(V-b)}{-pV^3 + aV - 2ab} = \frac{V^2(V-b)}{pV^3 - aV + 2ab}$$

2-3
気体の分子運動論より,1 mol の気体では,(2.27) 式より

$$pV = \frac{1}{3}Nm\langle v^2 \rangle$$

ここで,$\varepsilon = \frac{1}{2}m\langle v^2 \rangle$ であるから

$$pV = \frac{2}{3}N \cdot \frac{1}{2}m\langle v^2 \rangle = \frac{2}{3}N\varepsilon \quad \therefore \ p = \frac{2N}{3V}\varepsilon$$

2-4
分子の単位時間あたりの容器壁への衝突回数は $\dfrac{v}{2L}$ である。

また,分子1個の1回の衝突で壁が受ける力積は $2mv$ なので

$$p = \frac{F}{S} = \frac{\dfrac{N_A}{3}\cdot 2mv \cdot \dfrac{v}{2L}}{S} = \frac{N_A mv^2}{3SL}$$

$SL = V$ とすると

$$pV = \frac{1}{3}N_A mv^2$$

2-5
一般に,2気体が混合するときには,それぞれの気体の分子の運動エネルギーの平均値

$$K_1 = \frac{1}{2}m_1\langle v_1^2 \rangle, \quad K_2 = \frac{1}{2}m_2\langle v_2^2 \rangle$$

の分子の衝突と考えればよい。このとき,平衡状態になると,全体として分子1個の平均エネルギー K は当然 $K_1 < K < K_2$ の関係をもつ。しかし,一方が真空で気体分子が存在しない場合には,運動エネルギー K_1 と運動エネルギー 0 の混合となり,平衡後も運動エネルギーは K_1 である。したがって温度は不変である。

第3章

3-1
断熱変化の式より,変化前後の絶対温度,体積を (T, V),$(T', \alpha^2 V)$ とすると,

$$TV^{\gamma-1} = T'(\alpha^2 V)^{\gamma-1} \quad \therefore \ T' = \frac{1}{\alpha^{2(\gamma-1)}}T$$

$\gamma = 1.5$ であるから $\quad T' = \dfrac{1}{\alpha}T$

気体分子の質量を m とすると，この式より

$$\frac{1}{2}m\langle v'^2\rangle = \frac{1}{\alpha}\cdot\frac{1}{2}m\langle v^2\rangle$$

$$\therefore \sqrt{\langle v'^2\rangle} = \frac{1}{\sqrt{\alpha}}\sqrt{\langle v^2\rangle} \quad \text{よって，} \frac{1}{\sqrt{\alpha}}\text{倍}$$

3-2

熱力学の第1法則より，

$$d'Q = dU + pdV$$

$$= \left(\frac{\partial U}{\partial T}\right)_V dT + \left(\frac{\partial U}{\partial V}\right)_T dV + pdV$$

ここで，等温であるから，$dT = 0$

$$\therefore d'Q = \left\{\left(\frac{\partial U}{\partial V}\right)_T + p\right\}dV$$

一方，(3.15) 式より

$$C_p - C_V = \left\{\left(\frac{\partial U}{\partial V}\right)_T + p\right\}\left(\frac{\partial V}{\partial T}\right)_p$$

2式より

$$q = \frac{d'Q}{dV} = \left\{\left(\frac{\partial U}{\partial V}\right)_T + p\right\} = \frac{C_p - C_V}{\left(\dfrac{\partial V}{\partial T}\right)_p}$$

ここで，$\beta = \dfrac{1}{V}\left(\dfrac{\partial V}{\partial T}\right)_p$ より $\quad q = \dfrac{C_p - C_V}{\beta V}$

3-3

(1) (3.15) 式より $\quad C_p = C_V + \left\{\left(\dfrac{\partial U}{\partial V}\right)_T + p\right\}\left(\dfrac{\partial V}{\partial T}\right)_p$ ①

(3.12) 式より $\quad d'Q = \left(\dfrac{\partial U}{\partial T}\right)_V dT + \left\{\left(\dfrac{\partial U}{\partial V}\right)_T + p\right\}dV$

$$= C_V dT + \left\{\left(\frac{\partial U}{\partial V}\right)_T + p\right\}dV \quad ②$$

①，②式より $\quad d'Q = C_V dT + \dfrac{C_p - C_V}{\left(\dfrac{\partial V}{\partial T}\right)_p}dV$

断熱変化では，$d'Q = 0$ であるから

$$C_V dT + \frac{C_p - C_V}{\left(\dfrac{\partial V}{\partial T}\right)_p}dV = 0$$

(2) ここで，$T(V, p)$ と考えると
$$dT = \left(\frac{\partial T}{\partial V}\right)_p dV + \left(\frac{\partial T}{\partial p}\right)_V dp$$
よって
$$\left\{C_V \left(\frac{\partial T}{\partial V}\right)_p dV + \frac{C_p - C_V}{\left(\frac{\partial T}{\partial V}\right)_p}\right\} dV + C_V \left(\frac{\partial T}{\partial p}\right)_V dp = 0$$
$$\therefore C_p dV + C_V \left(\frac{\partial T}{\partial p}\right)_V \left(\frac{\partial V}{\partial T}\right)_p dp = 0$$

(3) 等温圧縮率は $\kappa_1 = -\frac{1}{V}\left(\frac{\partial V}{\partial p}\right)_T$

断熱圧縮率は $\kappa_2 = -\frac{1}{V}\left(\frac{\partial V}{\partial p}\right)_{断熱}$

と考えて $-C_p \kappa_2 + C_V \frac{1}{V}\left(\frac{\partial T}{\partial p}\right)_V \left(\frac{\partial V}{\partial T}\right)_p = 0$

$\therefore -C_p \kappa_2 + C_V \kappa_1 = 0 \quad \therefore \frac{\kappa_2}{\kappa_1} = \frac{C_V}{C_p}$

> ※ ここで $\left(\frac{\partial T}{\partial p}\right)_V \left(\frac{\partial V}{\partial T}\right)_p = -\left(\frac{\partial V}{\partial p}\right)_T$ を用いた。
> この式は，偏微分において数学的に
> $$\left(\frac{\partial x}{\partial y}\right)_z \left(\frac{\partial y}{\partial z}\right)_x \left(\frac{\partial z}{\partial x}\right)_y = -1$$
> が成立することによる。

3-4

仕事： $W = \int_{V_1}^{V_2} p\,dV = A\int_{V_1}^{V_2} \frac{1}{V^k} dV$

$$= -\frac{A}{k-1}\left[\frac{1}{V^{k-1}}\right]_{V_1}^{V_2} = -\frac{A}{k-1}\left(\frac{1}{V_2^{k-1}} - \frac{1}{V_1^{k-1}}\right)$$

ここで，$V^{k-1} = \frac{A}{pV} = \frac{A}{RT}$

$$W = -\frac{A}{k-1}\left(\frac{RT_2}{A} - \frac{RT_1}{A}\right) = -\frac{R}{k-1}\Delta T$$

吸収熱量： $Q = \Delta U + W$

$$= C_V \Delta T - \frac{R}{k-1}\Delta T = \left(C_V + \frac{R}{k-1}\right)\Delta T$$

第4章

4-1

(1) 熱量の保存則より，$mc(T - T_A) = mc(T_B - T)$

$$\therefore\ T - T_A = T_B - T \quad \therefore\ T = \frac{T_A + T_B}{2}$$

（物体の質量を m，比熱を c とした）

(2) $\Delta S_A = S'_A - S_A = \int_{T_A}^{T} \frac{d'Q}{T}$

ここで，圧力一定のもとで考えているので，$d'Q = C_p dT$ である。

$$\therefore\ \Delta S_A = \int_{T_A}^{T} \frac{C_p}{T} dT = C_p [\log T]_{T_A}^{T} = C_p \log \frac{T}{T_A}$$

$$= C_p \log \frac{T_A + T_B}{2 T_A}$$

(3) (2) と同様に考えると，

$$\Delta S_B = C_p \log \frac{T}{T_B} = C_p \log \frac{T_A + T_B}{2 T_B}$$

(4) $\Delta S_A + \Delta S_B = C_p \left\{ \log \frac{T_A + T_B}{2 T_A} + \log \frac{T_A + T_B}{2 T_B} \right\} = C_p \log \frac{(T_A + T_B)^2}{4 T_A T_B}$

$$= 2 C_p \log \frac{T_A + T_B}{2\sqrt{T_A T_B}}$$

ここで，相加相乗平均の関係より，$\dfrac{T_A + T_B}{2} > \sqrt{T_A T_B} \quad (T_A \neq T_B)$

$$\Delta S = \Delta S_A + S_B > 0$$

4-2

(1) 真空膨張では，温度が一定であり，内部エネルギーは変化しないので，
$dU = 0$
である。したがって，熱力学の第1法則より，

$$d'Q = 0 + pdV = pdV$$

よって，$dS = \dfrac{d'Q}{T} = \dfrac{p}{T} dV$

ここで，状態方程式 $pV = RT$ より $\dfrac{p}{T} = \dfrac{R}{V}$

$$\therefore\ dS = \frac{R}{V} dV$$

(2) 求めるものは,
$$S_2 - S_1 = \int_{V_1}^{V_2} \frac{R}{V} dV = R \int_{V_1}^{V_2} \frac{dV}{V} = R[\log V]_{V_1}^{V_2}$$
$$= R \log \frac{V_2}{V_1}$$

ここで, $V_2 > V_1$ より $\log \frac{V_2}{V_1} > 0$ ∴ $S_2 > S_1$

よって,エントロピーは増加しており,不可逆変化である。

4-3

(1) $U = aT + U_0$ より
$$dU = \left(\frac{\partial U}{\partial T}\right)_V dT + \left(\frac{\partial U}{\partial V}\right)_T dV = a dT$$

熱力学の第1法則より
$$d'Q = dU + pdV$$
$$= adT + \frac{RT}{V-b} dV$$

(2) $dS = \dfrac{d'Q}{T} = a\dfrac{dT}{T} + \dfrac{R}{V-b} dV$

(3) 積分して
$$S - S_0 = a \int_{T_0}^{T} \frac{dT}{T} + \int_{V_0}^{V} \frac{R}{V-b} dV$$
$$= a \log \frac{T}{T_0} + R \log \frac{V-b}{V_0-b}$$
$$\therefore\ S = S_0 + a \log \frac{T}{T_0} + R \log \frac{V-b}{V_0-b}$$

第5章
5-1

$\dfrac{F}{T}$ の独立変数は,T と V であるから,
$$d\left(\frac{F}{T}\right) = \left[\frac{\partial}{\partial T}\left(\frac{F}{T}\right)\right]_V dT + \left[\frac{\partial}{\partial V}\left(\frac{F}{T}\right)\right]_T dV \qquad ①$$

ここで,$U = F - T\left(\dfrac{\partial F}{\partial T}\right)_V = -T^2 \dfrac{\partial}{\partial T}\left(\dfrac{F}{T}\right)_V$

であるから，$\left[\dfrac{\partial}{\partial T}\left(\dfrac{F}{T}\right)\right]_V = -\dfrac{U}{T^2}$　　　　②

一方，$\left[\dfrac{\partial}{\partial V}\left(\dfrac{F}{T}\right)\right]_T = \dfrac{1}{T}\left(\dfrac{\partial F}{\partial V}\right)_T$

ここで，$dF = -pdV - SdT$ より $\left(\dfrac{\partial F}{\partial V}\right)_T = -p$

$\therefore \left[\dfrac{\partial}{\partial V}\left(\dfrac{F}{T}\right)\right]_T = -\dfrac{p}{T}$　　　　③

①式に，②，③式を代入して

$$d\left(\dfrac{F}{T}\right) = -\dfrac{U}{T^2}dT - \dfrac{p}{T}dV$$

5-2

$\dfrac{G}{T}$ の独立変数は，T と p であるから

$$d\left(\dfrac{G}{T}\right) = \left[\dfrac{\partial}{\partial T}\left(\dfrac{G}{T}\right)\right]_p dT + \left[\dfrac{\partial}{\partial p}\left(\dfrac{G}{T}\right)\right]_T dp \quad ①$$

ここで，$H = G - T\left(\dfrac{\partial G}{\partial T}\right)_p = -T^2\left[\dfrac{\partial}{\partial T}\left(\dfrac{G}{T}\right)\right]_p$

であるから，$\left[\dfrac{\partial}{\partial T}\left(\dfrac{G}{T}\right)\right]_p = -\dfrac{H}{T^2}$　　　　②

一方，$\left[\dfrac{\partial}{\partial p}\left(\dfrac{G}{T}\right)\right]_T = \dfrac{1}{T}\left(\dfrac{\partial G}{\partial p}\right)_T$

ここで，$dG = Vdp - SdT$ より $\left(\dfrac{\partial G}{\partial p}\right)_T = V$

$\therefore \left[\dfrac{\partial}{\partial p}\left(\dfrac{G}{T}\right)\right]_T = \dfrac{V}{T}$　　　　③

①式に，②，③式を代入して

$$d\left(\dfrac{G}{T}\right) = -\dfrac{H}{T^2}dT + \dfrac{V}{T}dp$$

5-3

(1) 演習問題 5-1 で求めた式を $\dfrac{F}{T}$ の全微分と考えると，

$$\left[\dfrac{\partial\left(-\dfrac{U}{T^2}\right)}{\partial V}\right]_T = \left[\dfrac{\partial\left(-\dfrac{p}{T}\right)}{\partial T}\right]_V$$

$$\therefore \dfrac{1}{T^2}\left(\dfrac{\partial U}{\partial V}\right)_T = \left[\dfrac{\partial\left(\dfrac{p}{T}\right)}{\partial T}\right]_V$$

$$\therefore \left(\frac{\partial U}{\partial V}\right)_T = T^2 \left[\frac{\partial \left(\frac{p}{T}\right)}{\partial T}\right]_V$$

(2) 演習問題 5-2 で求めた式を $\frac{G}{T}$ の全微分と考えると，

$$\left[\frac{\partial \left(-\frac{H}{T^2}\right)}{\partial p}\right]_T = \left[\frac{\partial \left(\frac{V}{T}\right)}{\partial T}\right]_p$$

$$\therefore -\frac{1}{T^2}\left(\frac{\partial H}{\partial p}\right)_T = \left[\frac{\partial \left(\frac{V}{T}\right)}{\partial T}\right]_p$$

$$\therefore \left(\frac{\partial H}{\partial p}\right)_T = -T^2 \left[\frac{\partial \left(\frac{V}{T}\right)}{\partial T}\right]_p$$

5-4

エントロピー S の独立変数を T と V と考えて，

$$dS = \left(\frac{\partial S}{\partial T}\right)_V dT + \left(\frac{\partial S}{\partial V}\right)_T dV \qquad ①$$

ここで，体積一定のとき，$C_V dT = TdS$ であるから，

$$C_V = T\left(\frac{\partial S}{\partial T}\right)_V \qquad ②$$

また，マクスウェルの関係式より，

$$\left(\frac{\partial S}{\partial V}\right)_T = \left(\frac{\partial p}{\partial T}\right)_V \qquad ③$$

①式に，②，③式を代入して

$$dS = \frac{C_V}{T}dT + \left(\frac{\partial p}{\partial T}\right)_V dV$$

$$\therefore TdS = C_V dT + T\left(\frac{\partial p}{\partial T}\right)_V dV$$

第6章

6-1

(1) $2N$ 個の粒子を $(N+x)$ 個と $(N-x)$ 個に分ける場合の数は，

$$\frac{(2N)!}{(N+x)!(N-x)!}$$

(2) $2N$ 個のうちある特定の $(N+x)$ 個が左半分に見いだされる確率は,各分子が統計的に独立であるので,

$$\left(\frac{1}{2}\right)^{N+x}$$

(3) (2) と同様に右半分では $\left(\frac{1}{2}\right)^{N-x}$ である。これより

$$\left(\frac{1}{2}\right)^{N+x} \cdot \left(\frac{1}{2}\right)^{N-x} = \left(\frac{1}{2}\right)^{2N}$$

(4) (1),(3) より,求める確率は

$$f(x) = \left(\frac{1}{2}\right)^{2N} \cdot \frac{(2N)!}{(N+x)!(N-x)!}$$

6-2

(1) $N = \int_{-\infty}^{\infty}\int_{-\infty}^{\infty}\int_{-\infty}^{\infty} f(v_x, v_y, v_z) dv_x dv_y dv_z$ であり,$\langle \varepsilon \rangle = \frac{1}{2}mv^2$ と書けるので,

$$N\langle \varepsilon \rangle = \frac{1}{2}m \int_{-\infty}^{\infty}\int_{-\infty}^{\infty}\int_{-\infty}^{\infty} f(v_x, v_y, v_z) \cdot v^2 dv_x dv_y dv_z$$

(2) 図の円筒内にある平均数は

$$\frac{|v_x|\Delta tdS}{V} f(v_x, v_y, v_z) dv_x dv_y dv_z$$

(3) 1つの分子が与える力積が $2mv_x$ であることに注意すると,単位時間,単位面積あたりの力積は

$$2mv_x^2 \frac{1}{V} f(v_x, v_y, v_z) dv_x dv_y dv_z$$

(4) (3) より圧力 p は(v_x は負の成分のみを考えればよい)

$$p = \frac{2m}{V}\int_{-\infty}^{0}\int_{-\infty}^{\infty}\int_{-\infty}^{\infty} v_x^2 f(v_x, v_y, v_z) dv_x dv_y dv_z$$

$$= \frac{m}{3V}\int_{-\infty}^{\infty}\int_{-\infty}^{\infty}\int_{-\infty}^{\infty} v^2 f(v_x, v_y, v_z) dv_x dv_y dv_z$$

(5) (1) で得られた式と比較すると

$$\frac{3pV}{m} = \frac{2N\langle \varepsilon \rangle}{m} \qquad \therefore \quad pV = \frac{2}{3}N\langle \varepsilon \rangle$$

第7章

7-1

$$F(N, V, T) = -kT\log Z(N, V, T)$$

(1) (7.36) 式より $\langle E \rangle = -T^2 \left[\dfrac{\partial}{\partial T}\left(\dfrac{F}{T}\right) \right]_{V, N}$

$\dfrac{F}{T} = -k\log Z$ であるから

$$\langle E \rangle = kT^2 \left(\dfrac{\partial \log Z}{\partial T} \right)_{V, N}$$

(2) $pV = -F + \mu N$ より, $p = -\left(\dfrac{\partial F}{\partial V} \right)_{T, N}$

$$\therefore\ p = kT \left(\dfrac{\partial \log Z}{\partial V} \right)_{T, N}$$

7-2

(1) $TdS = dU + pdV$, $G = U - TS + pV$ より

$dG = dU - dTS - SdT + pdV + Vdp$

$\quad = -SdT + Vdp$

(2) N が一定のとき, $dG = Nd\mu$ であるから,

$Nd\mu = -SdT + Vdp \quad \therefore\ Vdp = SdT + Nd\mu$

$\therefore\ d(pV) = Vdp + pdV = SdT + Nd\mu + pdV$

(3) (2) より $S = \left[\dfrac{\partial (pV)}{\partial T} \right]_{V, \mu}$

ここで, $pV = kT\log Z(V, T, \mu)$ より

$$S = kT \left(\dfrac{\partial \log Z}{\partial T} \right)_{V, \mu} + k\log Z$$

7-3

(1) $dU = -pdV + TdS \quad \therefore\ dS = \dfrac{dU}{T} + \dfrac{pdV}{T}$

$$\therefore\ \left(\dfrac{\partial S}{\partial U} \right)_{V, N} = \dfrac{1}{T}$$

ここで，$S(N, V, U) = k \log W(N, V, U)$

$$\therefore \left(\frac{\partial \log W}{\partial U}\right)_{V, N} = \frac{1}{kT}$$

(2) 同様に $\left(\dfrac{\partial S}{\partial V}\right)_{U, N} = \dfrac{p}{T}$

$$\therefore \left(\frac{\partial \log W}{\partial V}\right)_{U, N} = \frac{p}{kT}$$

第8章
8-1
例題 8-1 の結果より，

$$\mathrm{B \cdot E}: \quad S = k\sum_j \frac{\beta(\varepsilon_j - \mu)}{e^{\beta(\varepsilon_j - \mu)} - 1} - k\sum_j \log\{1 - e^{-\beta(\varepsilon_j - \mu)}\}$$

ここで，B・E 統計の場合，(8.30) 式より

$$\langle n_j \rangle = \frac{1}{e^{\beta(\varepsilon_j - \mu)} - 1}$$

$$\therefore \quad e^{\beta(\varepsilon_j - \mu)} = \frac{1}{\langle n_j \rangle} + 1 = \frac{1 + \langle n_j \rangle}{\langle n_j \rangle}$$

対数をとって

$$\beta(\varepsilon_j - \mu) = \log(1 + \langle n_j \rangle) - \log\langle n_j \rangle$$

$$\therefore \quad S = k\sum_j [\langle n_j \rangle \{\log(1 + \langle n_j \rangle) - \log\langle n_j \rangle\}] + k\sum_j \log(1 + \langle n_j \rangle)$$

$$= -k\sum_j \{\langle n_j \rangle \log\langle n_j \rangle - (1 + \langle n_j \rangle)\log(1 + \langle n_j \rangle)\}$$

同様に考えて

$\mathrm{F \cdot D}:$ (8.31) 式より，$e^{\beta(\varepsilon_j - \mu)} = \dfrac{1 - \langle n_j \rangle}{\langle n_j \rangle}$

$\mathrm{M \cdot B}:$ (8.32) 式より，$e^{\beta(\varepsilon_j - \mu)} = \dfrac{1}{\langle n_j \rangle}$

を例題 8-1 の結果に代入すると得られる。

8-2

内部エネルギー U は，ヘルムホルツの自由エネルギー F を用いると，

B・E　$U = F + TS$

$$= N\mu + kT\sum_j \log\{1 - e^{-\beta(\varepsilon_j - \mu)}\}$$

$$+ kT\sum_j \frac{\beta(\varepsilon_j - \mu)}{e^{\beta(\varepsilon_j - \mu)} - 1} - kT\sum_j \log\{1 - e^{-\beta(\varepsilon_j - \mu)}\}$$

$$= N\mu + kT\sum_j \frac{\beta(\varepsilon_j - \mu)}{e^{\beta(\varepsilon_j - \mu)} - 1} = \sum_j \frac{\varepsilon_j}{e^{\beta(\varepsilon_j - \mu)} - 1}$$

$$\left(\because\ N = \sum_j \frac{1}{e^{\beta(\varepsilon_j - \mu)} - 1}\right)$$

同様に

F・D　$U = F + TS$

$$= N\mu + kT\sum_j \frac{\beta(\varepsilon_j - \mu)}{e^{\beta(\varepsilon_j - \mu)} + 1} = \sum_j \frac{\varepsilon_j}{e^{\beta(\varepsilon_j - \mu)} + 1}$$

$$\left(\because\ N = \sum_j \frac{1}{e^{\beta(\varepsilon_j - \mu)} + 1}\right)$$

同様に

M・B　$U = F + TS$

$$= N\mu - kT\sum_j e^{-\beta(\varepsilon_j - \mu)} + kT\sum_j \frac{\varepsilon_j - \mu}{kT} e^{-\beta(\varepsilon_j - \mu)} + kT\sum_j e^{-\beta(\varepsilon_j - \mu)}$$

$$= N\mu + \sum_j (\varepsilon_j - \mu) e^{-\beta(\varepsilon_j - \mu)}$$

$$= \sum_j \varepsilon_j e^{-\beta(\varepsilon_j - \mu)}$$

$$\left(\because\ N = \sum_j e^{-\beta(\varepsilon_j - \mu)}\right)$$

索 引

あ行

アイスコーヒー	58
アインシュタイン(人名)	139
圧縮率	5
アボガドロ数	31
アボガドロの法則	31
アンサンブル	114
位置エネルギー	28
運動エネルギー	28
エアコン	59
永久機関	64
液体	4
エネルギー等配則	29
エンタルピー	39, 82
エントロピー	71
エントロピー増大の原理	73
オストワルドの原理	61
温度	2

か行

可逆	58
カルノーサイクル	51
気化	6
気化熱	6
気体	4
気体定数	20
ギブスの自由エネルギー	85
凝固	6
凝固点	6
クラウジウスの原理	59
クラウジウスの式(不等式)	69
系	6
経験温度	3
ケルビン	3
固体	4
孤立系	6
根2乗平均速度	27

さ行

三重線	21
三重点	21
シャルルの法則	18
自由エネルギー	84
自由度	29
自由膨張	40
ジュール(人名)	13
ジュール(単位)	4
ジュールの法則	93
準静的過程	37
昇華	6
蒸気機関	48
小正準集団	115
状態方程式	20
状態量	36
水銀温度計	3
スターリングの公式	143
正準集団	118
積分公式	144
絶対温度	3
絶対零度	3
セルシウス温度	3
潜熱	6
全微分	143
速度空間	97
速度分布関数	96

た行

体温計	3
体系	114
大正準集団	119
弾性衝突	24
断熱材	37
断熱膨張	54
定圧熱容量	38
定圧(モル)比熱	38
定積熱容量	38
定積(モル)比熱	38
電車のレール	5
等温圧縮率	5
等確率の原理	115
統計集団	114
統計力学	114
銅製のたこ焼き器	10
等方性	26

閉じた系	6	分子運動論	24
トムソンの原理	60	分配関数	121
		並進運動	29

な行

内部エネルギー	28, 81	ヘルムホルツの自由エネルギー	84
2乗平均速度	27	ヘロンのタービン	17
熱	4	偏微分	143
熱効率	50	ポアソンの状態方程式	45
熱サイクル	48	ボイル・シャルルの法則	19
熱対流	12	ボイルの法則	18
熱伝導	12	ボーズ・アインシュタイン分布	134
熱の仕事当量	12	ボーズ(人名)	135
熱の不良導体	13	ボーズ粒子	132
熱の良導体	13	ボゾン	132
熱平衡	2	ホットコーヒー	58
熱放射	13	ボルツマン(人名)	108
膨張率	5	ボルツマン定数	27
熱容量	11	ボルツマンの関係式	109, 122
熱力学的絶対温度	75		
熱力学に関連するデータ	7		

ま行

熱力学の第1法則	35	マイヤーの式	44
熱力学の第0法則	2	マクスウェル(人名)	126
熱量	4	マクスウェルの関係式	88, 93
熱量保存の法則	12	マクスウェルの速度分布則	101
		マクスウェル・ボルツマンの速度分布則	101

は行

場合の数	104	マクロ	114
パウリの排他律	132	ミクロ	114
発泡スチロール	13	mol(モル)	31

や行

比熱	10	融解	6
比熱比	45	融解熱	6
開いた系	6	融点	6

ら行

ファン・デル・ワールスの状態方程式	20	ラグランジュの未定乗数法	144
フェルミオン	132	理想気体	19
フェルミ(人名)	135	理想気体の状態方程式	20
フェルミ・ディラック分布	135	理論上の状態方程式	26
フェルミ粒子	132	臨界点	21
フォトン	132	冷蔵庫	66
フォノン	132		
不可逆	58		
沸点	6		
プランクの原理	61		

著者紹介

為近　和彦（ためちか・かずひこ）
代々木ゼミナール講師（物理担当）。
山口県宇部市出身。東京理科大学大学院修士課程修了。
私立高校教諭を経て，現職。

主な著書
「大学生なら知っておきたい物理の基本［力学編］」
「理系なら知っておきたい物理の基本ノート［電磁気学編］」
「理系なら知っておきたい物理の基本ノート［物理数学編］」
「忘れてしまった高校の物理を復習する本」（以上，中経出版）
「為近講義ナマ中継 力学」（講談社）

アートディレクション：
　岸野敏彦

デザイン，イラストレーション：
　有限会社セットスクエアー・ワン
　望月 勇，宮下 浩，上原里美

ビジュアルアプローチ　熱・統計力学　　　Ⓒ 為近和彦　2008
2008年10月 7日　第1版第1刷発行　　【本書の無断転載を禁ず】
2022年 2月21日　第1版第4刷発行

著　　者　為近和彦
発 行 者　森北博巳
発 行 所　森北出版株式会社
　　　　　東京都千代田区富士見1-4-11（〒102-0071）
　　　　　電話 03-3265-8341／FAX 03-3264-8709
　　　　　https://www.morikita.co.jp/
　　　　　日本書籍出版協会・自然科学書協会・工学書協会　会員
　　　　　JCOPY〈(一社)出版者著作権管理機構委託出版物〉

落丁・乱丁本はお取替えいたします　　印刷／エーヴィス・製本／協栄製本

Printed in Japan／ISBN978-4-627-16241-9

本書のサポート情報などをホームページに掲載する場合があります。
下記のアドレスにアクセスしご確認下さい。
　http://www.morikita.co.jp/support

■本書の無断複写は著作権法上での例外を除き禁じられています。
複写される場合は，そのつど事前に（一社）出版者著作権管理機構
（電話 03-5244-5088, FAX 03-5244-5089, e-mail:info@jcopy.or.jp）
の許諾を得てください。

おもな物理量の単位

物理量	単位・記号		MKSA 単位系による表式
長さ (M)	メートル	m	—
	オングストローム	Å	$= 0.1\text{nm} = 10^{-10}\text{m}$
質量 (K)	キログラム	kg	—
時間 (S)	秒	s	—
電流 (A)	アンペア	A	—
熱力学的温度	ケルビン	K	—
セルシウス温度	セ氏 t 度	℃	$t(℃) = T(\text{K}) - 273.15$
平面角	ラジアン	rad	
物質の量	モル	mol	
力	ニュートン	N	$\text{m} \cdot \text{kg} \cdot \text{s}^{-2}$
圧力	パスカル	Pa	$\text{N/m}^2 = \text{m}^{-1} \cdot \text{kg} \cdot \text{s}^{-2}$
	バール	bar	$= 10^5 \text{Pa}$
標準大気圧	気圧	atm	$= 101325 \text{Pa}$
エネルギー	ジュール	J	$\text{N} \cdot \text{m} = \text{m}^2 \cdot \text{kg} \cdot \text{s}^{-2}$
	電子ボルト	eV	$= 1.6021892 \times 10^{-19} \text{J}$
熱量	カロリー	cal	$= 4.186 \text{J}$
仕事率	ワット	W	$\text{J/s} = \text{m}^2 \cdot \text{kg} \cdot \text{s}^{-3}$
振動数	ヘルツ	Hz	s^{-1}
電荷	クーロン	C	$\text{A} \cdot \text{s}$
電圧, 電位	ボルト	V	$\text{W/A} = \text{m}^2 \cdot \text{kg} \cdot \text{s}^{-3} \cdot \text{A}^{-1}$
静電容量	ファラド	F	$\text{C/V} = \text{m}^{-2} \cdot \text{kg}^{-1} \cdot \text{s}^4 \cdot \text{A}^2$
電気抵抗	オーム	Ω	$\text{V/A} = \text{m}^2 \cdot \text{kg} \cdot \text{s}^{-3} \cdot \text{A}^{-2}$
電場の強さ			$\text{V/m} = \text{m} \cdot \text{kg} \cdot \text{s}^{-3} \cdot \text{A}^{-1}$
電束密度			$\text{C/m}^2 = \text{m}^{-2} \cdot \text{s} \cdot \text{A}$
磁束, 磁荷	ウェーバー	Wb	$\text{V} \cdot \text{s} = \text{m}^2 \cdot \text{kg} \cdot \text{s}^{-2} \cdot \text{A}^{-1}$
磁場の強さ			A/m
磁束密度	テスラ	T	$\text{Wb/m}^2 = \text{kg} \cdot \text{s}^{-2} \cdot \text{A}^{-1}$
インダクタンス	ヘンリー	H	$\text{Wb/A} = \text{m}^2 \cdot \text{kg} \cdot \text{s}^{-2} \cdot \text{A}^{-2}$

大きさを表す接頭語

大きさ	接頭語	記号	大きさ	接頭語	記号
10^{-1}	デシ (deci)	d	10	デカ (deca)	da
10^{-2}	センチ (centi)	c	10^2	ヘクト (hecto)	h
10^{-3}	ミリ (milli)	m	10^3	キロ (kilo)	k
10^{-6}	マイクロ (micro)	μ	10^6	メガ (mega)	M
10^{-9}	ナノ (nano)	n	10^9	ギガ (giga)	G
10^{-12}	ピコ (pico)	p	10^{12}	テラ (tera)	T
10^{-15}	フェムト (femto)	f	10^{15}	ペタ (peta)	P
10^{-18}	アト (atto)	a	10^{18}	エクサ (exa)	E
10^{-21}	ゼプト (zept)	z	10^{21}	ゼタ (zetta)	Z
10^{-24}	ヨクト (yocto)	y	10^{24}	ヨタ (yotta)	Y